月亮晶晶 ／著

爱上简单菜

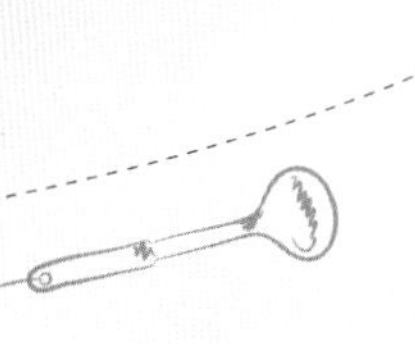

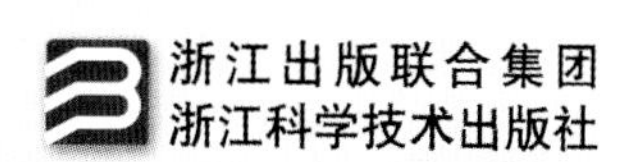

浙江出版联合集团
浙江科学技术出版社

前言

厨房对于我来说，是个美好的地方，是个可以沉醉的地方，是个可以放松的地方。我喜欢在厨房一边做饭一边听音乐，看着那些简单的食材在自己的手中变成一道道味道丰富、色彩鲜艳的菜肴，那种亲手创造的成就感和发自内心的喜悦，是任何事情都代替不了的。不得不说，在生活中，做菜是比较容易实现的小成功。

烹饪对于我来说，是一种情感的表达方式，让我能更加真切地感受自己的内心。正是有了对烹饪的热爱，我才会孜孜不倦地寻找新鲜的食材，动手去尝试脑海中的各种奇思妙想，反复试验寻找最适合家人口味的菜谱，在日复一日的烹饪中融入无限激情和热爱。

现代人生活在都市的忙碌与嘈杂之中，平日整天纠缠于工作和琐事，休息时间的买菜做饭实在是必不可少并有益于身心的调节方式。如果下班回家，能穿着洋装系着围裙下厨房，悉心准备食材，潜心研究烹饪的一道道工序，不失为一件令人陶醉并值得骄傲的事情。幸福很简单：是你喜欢我做的每一道菜，是你愿意为我学某一道菜，即使味道不怎么样，可是我们依然觉得，只有彼此烧的菜才是最美味的佳肴！在厨房里，爱是必不可少的调味料，用心烹制，看着爱的人吃得狼吞虎咽，再没有什么比这更幸福了。最美味的菜肴，爱是一味最重要的作料。

《简单·菜》出版后，我每天又多了一件必做的事情，就是在微博上与参照书实践之后来微博“交作业”的粉丝们交流美食心得。每当看到大家很认真地交作业，很认真地提问，甚至能在我的菜谱基础上改良升级，我就觉得这是一天中最幸福的时刻。是啊，有什么比得到大家的信赖更值得骄傲的呢？我想，当初写《简单·菜》的初衷已经实现了，大家从中找到了入厨的快乐，感受到了自己制作美味的那份有滋有味的怡然自得。我相信越来越多的人，会因为热爱美食而回归到厨房中，系上围裙，抄起锅铲，为自己和家人做出充满爱的食物。

如果我的第一本美食书《简单·菜》让你走进厨房，那么这本《爱上简单菜》会让你爱上厨房。读完这本书，我希望大家能感受到我对生活的那份热情、对家人的那份温情、对美食的那份痴迷，并且希望大家能将这份爱延续传递。爱生活，爱美食，就从这里开始……

注：本书的调味料用量以晶晶常用的工具描述。
1茶匙约为5毫升(或5克)，1汤匙约为15毫升(或15克)。

MULU 目录

第一章 蔬菜，怎可少了你 008

孜然椒盐小土豆加点料，更滋味！ 010

香炒牛蒡最适合春季的养生排毒菜 012

白灼金针菇金针菇最原汁原味的吃法 014 简单出彩

炒五丝一碗让你尝遍酸、辣、脆、软、香、滑 016 强力推荐

南乳芋头让你食欲大增的芋头吃法 018

豉椒辣炒藕丝告诉你切藕丝的窍门 020

鲜嫩手剥笋江浙人都爱的一道冷菜 023

干锅花菜让米饭迅速见底的超级下饭菜 024

美味酱萝卜餐前必不可少的爽口开胃菜 026 强力推荐

酱烧茄条烧茄子省油法 028

豉椒娃娃菜冬天最给力的石锅菜 031 简单出彩

黑木耳拌西芹远离油烟和热气的简单菜 032

红油茶花菇蔬菜吃出肉味儿 035

酱烧豆腐菇变着花样吃豆腐 036

第二章 鱼与美味，必可兼得 038

蒜蓉粉丝蒸扇贝嗞啦一声的美味 040 强力推荐

盐焗蛏子最简单最美味 043

蜜汁煎烧鱼最适合河鱼的红烧鱼做法 044

微波红烧鲳鱼懒人最爱微波菜 046
雪菜冬笋黑鱼片炒出滑嫩鱼片的秘密 048
微波虾干鲜美虾干自己做 051 简单出彩
微波香辣虾好吃易做的“懒人菜” 052
微波番茄虾当番茄酱遇到虾 054
椒盐皮皮虾吮指回味的经典 056
啫啫三文鱼头煲好吃不在肉 058 强力推荐
橙香鱼片吃鱼，换个口味！ 060
美味烤鱿鱼轻松自制人气烧烤 062 简单出彩
醉湖蟹生的，你敢吃么？ 064

第三章 就是爱吃肉 066

秘制煎烧五花肉爱上这个味儿 068 私家秘方
盐煎五花肉简单出好味 070
白切鸡简单两步做出鲜香嫩滑的美味 073 私家秘方
豉汁蒸排骨广式早茶中最受欢迎的茶点 074
油面筋塞肉老底子的经典家常菜 076
板栗红烧肉秋天的经典大肉菜 078
蚝油香菇鸡翅最适合降温天吃的暖冬硬菜 080
菠萝鸡丁水果入菜更美味 082
私家烧鸡腿肉用一碗秘制腌料秒杀你的味蕾 084 私家秘方
烤里脊巧用平底锅做烤菜 087 简单出彩
豆豉花菇鸡天生是绝配 088
泰式罗勒鸡翅异域风情的米饭杀手 090
葱爆羊肉超级简单的羊肉做法 092

凉瓜炒牛肉牛肉最夏天的吃法 094

XO酱炒牛肉片最经典的味道 096

咖喱牛腩一道必不可少的咖喱菜 098

潮式双丸火锅剩料巧变身 101

第四章　主食的力量最强大　102

广式腊味煲仔饭有饭有菜，营养搭配 104 强力推荐

泡菜炒饭让韩国情调在你舌尖跳舞 107

茄子炸酱面最能打动胃口的消夏面食 108

烫面千层葱香肉饼好吃的面饼是烫出来的 110

上海生煎平淡、真实的市井美食 112 强力推荐

荞麦面其貌不扬却开胃无比 115

香菇水饺轻松解决蔬菜馅的出水问题 116

海鲜炒米粉炒米粉用筷子才是王道 118

鲜奶油意大利面风情万种 120

牛肉炒米粉美妙好味炒出来 122

番茄奶酪焗饭不需要烤箱就能做 124

酸辣粉酸酸辣辣爽翻天 126

韭黄肉丝炒年糕江南人最钟爱的年糕吃法 128

香菜薄饼摊一张又薄又圆的软饼 130

第五章 暖暖的一碗汤 132

酸辣汤让你喝出汗的一碗汤 134 强力推荐

日式味噌汤温暖的快手汤 136

蛤蜊汤锌钙同补 137 简单出彩

花菇炖鸡汤每个人心底都有一碗温暖的汤 138 强力推荐

甘蔗红萝卜猪骨汤温润解燥汤 140

番茄玉米猪肝汤解腻降脂明目汤 142

杂骨菌菇汤鲜上加鲜 144

番茄牛肉丸汤补气开胃 146

莼菜汤最杭州的一碗汤 149

山药黄豆肉骨汤动植物蛋白合理搭配 150

猪肚汤润燥开胃汤 153

娃娃菜汤夏日清补汤煲 154

娃娃菜虾干汤鲜美快手汤 155

第一章

蔬菜，怎可少了你

如果你是个爱吃并且懂吃的人，那么你一定不会忽略蔬菜的美好味道。每个季节的菜市场都有各种新鲜的带着露珠的蔬菜挨挨挤挤地排着队伍，像是在迫不及待地告诉人们这个季节的到来。春天充满野趣的马兰、青翠欲滴的芦笋、鲜嫩的香椿芽、香甜的豌豆，最让人喜欢的莫过于还带着一身泥土芬芳的春笋。夏天清凉降火的苦瓜、被称为“爱情苹果”的西红柿。秋天金黄的南瓜、出淤泥而不染的莲藕。冬天水灵灵的大萝卜……作为一餐中必不可少的一员，蔬菜，爱吃的你怎么可以错过。

1

孜然椒盐小土豆

有人说生活像杯白开水，淡而无味。有人说生活像杯咖啡，醇香却透着些许苦味。有人说生活像杯清茶，清澈却透着淡淡的茶香……我说生活就是只普通的玻璃杯，至于杯中到底装的是白开水还是果汁，就需要靠你自己来往里面装，只要你用心调配，它就会是一杯只属于你、独一无二的美味饮料。椒盐小土豆，这可是饭店里点击率超高的一道菜，因为这道菜，喷喷香，大家都爱啊！其实做菜如生活，做这道菜的时候，我多加了一样调料：孜然粉。如我预期所想，那味道果真比普通椒盐小土豆更上一层楼、更滋味！

加点料，更滋味！

材料 小个土豆、葱花

调料 孜然粉、椒盐粉、糖

做法

1. 小土豆清洗干净，放入锅中。加水至没过土豆。煮开后转小火，再煮大约10分钟至熟（能用筷子轻松穿透土豆）。
2. 用凉水冲煮熟的小土豆。降温后，剥去小土豆表皮，并用刀背逐个把小土豆压扁。
3. 锅中放油烧热，倒入压扁的小土豆。煸炒小土豆至两面焦黄。
4. 加入一点点糖。
5. 加入一小勺椒盐粉。
6. 再加入一点孜然粉（量比椒盐粉要少一点）。
7. 倒入葱花。
8. 翻炒至调味料均匀裹在小土豆表面即可。

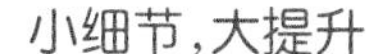

小细节，大提升

❶ 土豆不要煮过头，否则太烂了，一炒就成土豆泥了。用刀背压土豆的时候，也不要太用力，否则也会压成土豆泥。

❷ 饭店里做椒盐土豆的时候，会把土豆放在大油锅中炸至表皮焦黄，家里做的时候没必要用大油锅，用平常炒菜时用的油量煸炒小土豆至表面焦黄即可，这样比油炸更健康。

香炒牛蒡

春天，我们常常会感到身体疲乏，这就是所谓的“春困”。而吃多了油腻的菜更会让人在饭后产生疲惫现象，这时候应该吃得清淡一点，多吃新鲜蔬菜，可以帮助缓解“春困”。春天来了，到处都充满了生机，心情也随之轻松起来。快快摆脱冬日的慵懒，释放蛰伏了一个冬天的身心，我们来动手做春天的美味，享受春天带给我们的清新！牛蒡这种食材可以减肥、抗衰老，就用它来解一解我们的“春困”吧。

最适合春季的养生排毒菜

材料 牛蒡一整根、胡萝卜1根、干红辣椒3个、熟白芝麻一小把

调料 生抽、料酒、糖

做法

1. 牛蒡刨去外皮，用流动的水冲洗干净。用一把小刀，像削铅笔一样把牛蒡削成小片。
2. 削好的牛蒡小片泡入放了白醋的水中，防止变色。
3. 牛蒡小片在醋水中泡10分钟后，捞出沥干水分。胡萝卜去皮，也像削铅笔一样用小刀削成小片。干辣椒取出辣椒籽，切小圈备用。
4. 在平底锅中用小火焙香少许白芝麻，盛出备用。
5. 锅中倒入少许油，小火煸香干辣椒圈。
6. 倒入牛蒡小片和胡萝卜小片，转大火翻炒两三分钟。
7. 倒入1茶匙料酒、一勺糖和1汤匙生抽，快速翻炒均匀。
8. 撒上一些焙香的白芝麻，装盘出锅。

小细节，大提升

❶ 牛蒡用醋水泡10分钟，可以有效防止牛蒡变黑。

❷ 像削铅笔一样把牛蒡和胡萝卜都处理成削片状，可以缩短食材的烹饪时间。

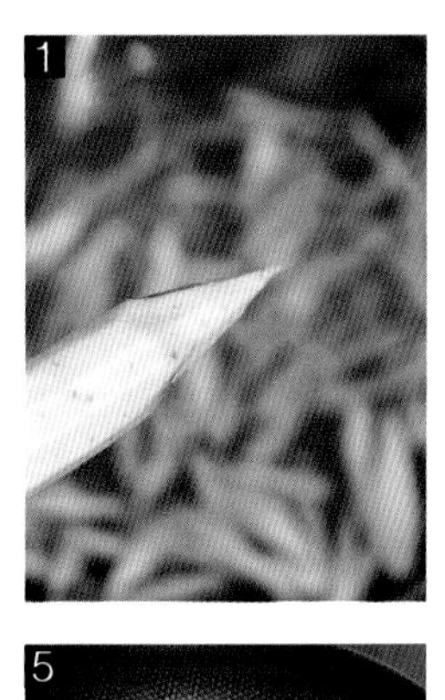

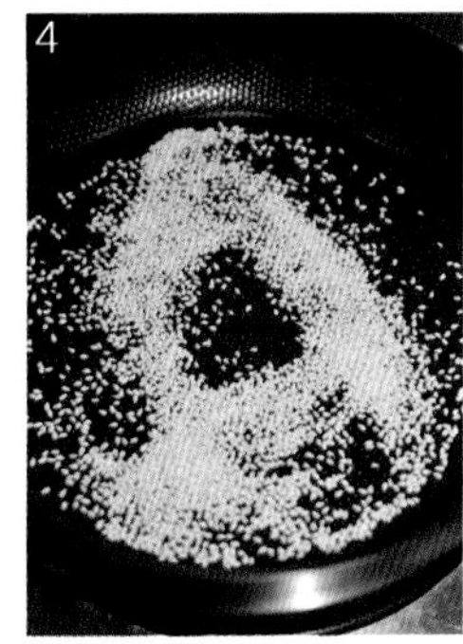

白灼金针菇

博客里有个妈妈给我留言，说女儿最喜欢吃白灼金针菇，想让我教一下。找时间做了一下，才发现这道菜做法非常简单，吃起来又很美味。用极简单的白灼的方法，再加上鲜美的蘸料，可谓是最原汁原味的做法了。我想这也是我热衷于博客的一个根本原因，在跟大家交流、互动的过程中，我经常会有所收获。这不，由于这位妈妈的留言，我又收获了一道简单美味的快手菜。

金针菇最原汁原味的吃法

材料 金针菇250克、小红椒2个、葱1根

调料 生抽、糖、盐、食用油

做法
1. 葱洗净切成葱花，小红椒洗净去蒂切成辣椒圈。（不太会吃辣的把辣椒籽去掉。）
2. 金针菇切去根部洗净。锅中水烧开后熄火，入金针菇焯水一分钟，捞出沥干水分。
3. 碗里倒入2汤匙生抽，加半茶匙糖调匀。
4. 将沥干的金针菇梳理整齐码在碗中，撒上葱花。
5. 锅烧热，倒入2汤匙食用油。油温升至八成热时转小火，下辣椒圈爆香，捞出辣椒圈放在盛金针菇的碗中。
6. 转大火让锅中油温升高至冒烟，关火，迅速把油浇在金针菇上，激发葱花的香味，吃时拌匀即可。

小细节，大提升

① 汆烫金针菇的时候一定要熄火，汆烫过头的金针菇会软塌塌的，没精神。

② 酱油最好用平时我们用来蘸着吃的生抽或者鲜味酱油。

1

2

3

4

5

6

炒五丝

天渐渐热起来的时候，各种水灵灵的蔬菜就格外讨人喜欢。这一碟适合夏天的小炒，集合了各种味道的炒蔬菜丝，一定让你惊喜不已。芹菜的爽脆、金针菇的软滑、花菇的香软、红椒的清香以及干辣椒的爽辣……各种味道各有特色，却又相得益彰，一个菜里能品到这么多种不同的味道，真是奇妙的感觉！

一碗让你尝遍酸、辣、脆、软、香、滑

材料 香菇2朵、芹菜3根、金针菇150克、胡萝卜1根、红椒半个、干辣椒2个

调料 糖、盐、香醋

做法
1. 准备材料:胡萝卜、香菇、芹菜、金针菇、红椒、干辣椒。
2. 所有材料清洗干净,金针菇去根部,切两段。香菇泡发后切丝。红椒去籽切丝。
3. 芹菜切段,胡萝卜去皮切丝。
4. 干辣椒剪成小圈。锅烧热放油,小火煸香干辣椒圈。
5. 倒入胡萝卜丝和香菇丝,煸炒透(大约两分钟)。
6. 倒入芹菜段翻炒几下(大约10秒)。
7. 倒入金针菇和红椒翻炒几下(大约15秒)。
8. 放1/3茶匙糖,放半茶匙盐,倒入1汤匙香醋,把所有材料翻炒均匀即可出锅。

小细节,大提升

❶ 煸干辣椒圈的时候要用小火,否则很容易煸焦。

❷ 蔬菜下锅后不要炒太久,特别是芹菜、金针菇、红椒,炒久了芹菜不脆了,金针菇太软塌了,红椒也过熟了,就失去了好的口感。

1

2

3

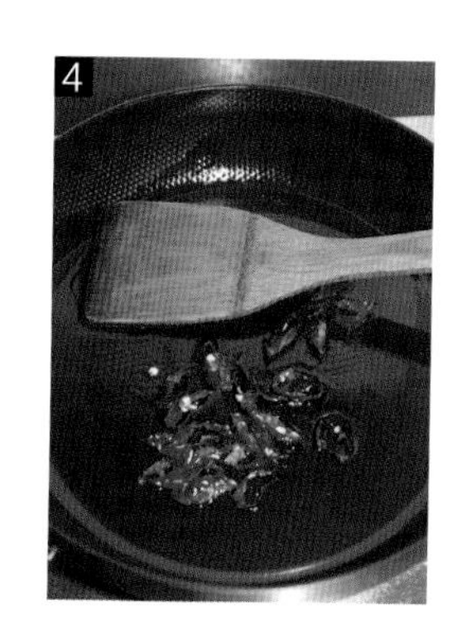

4

5

6

7

8

南乳芋头

芋头，通常你家怎样吃？我小时候在家里吃得最多的是妈妈给做的桂花糖芋头。而当有一天我有了自己的小家庭的时候，我开始变着法子把芋头也当成一种菜来烹饪。椒盐芋头、芋头烧肉或者每天煮饭的时候蒸两个芋头当主食。冰箱里有一瓶红玫瑰腐乳，里面的腐乳基本吃完了，剩下小半瓶都是红红的腐乳汁。很多时候我会用它来做南乳肉或者南乳鸡翅之类。这次做芋头的时候，想到用它来调味。南乳汁搭配芋头，软糯的芋头变得很开胃，是能让你食欲大增的芋头吃法！

让你食欲大增的芋头吃法

材料 芋头500克、红腐乳汁（南乳汁）2汤匙、玫瑰腐乳1块、葱少量

调料 老抽

做法

1. 准备材料。
2. 把芋头刷洗干净。戴上一次性手套，刨去芋头表皮，切成滚刀块。玫瑰腐乳用勺子压碎，葱洗净切成葱花。
3. 锅中放油烧热，倒入芋头用中火不断翻炒至芋头边缘有些焦黄。
4. 倒入压碎的玫瑰腐乳和腐乳汁，炒匀。
5. 滴入几滴老抽。
6. 倒入一小碗水，水量基本和芋头齐平。
7. 盖上盖子用中小火焖煮10分钟左右，至芋头酥烂。
8. 开盖收汁，撒上葱花出锅。

1

2

3

4

5

6

7

8

小细节，大提升

❶ 南乳汁比较咸，所以我没有再另外放盐。调味料的分量，可以根据自己的口味来调整。

❷ 芋头块不要切得太大，否则不容易煮酥。芋头一定要烹熟，否则其中的黏液会刺激咽喉。

❸ 芋头的黏液中含有一种复杂的化合物，遇热能被分解。这种物质对皮肤黏膜有很强的刺激性，因此在剥洗芋头时，手部皮肤会发痒，在火上烤一烤就可缓解。所以剥洗芋头时最好戴上手套。

豉椒辣炒藕丝

记得我第一次切藕丝的时候，把藕横过来，先切圆片，再切丝。切完我发现搞砸了，怎么藕丝都断成一小截一小截的了？仔细研究了一下藕的构造，明白了，只要竖起来切，就能切出长长的、根根分明的漂亮藕丝。边生活边学习，边学习边进步，偶尔从生活中发现小惊喜，我喜欢这样的生活状态。这个菜，喜欢吃辣的人不要错过，个人感觉是一道非常简单又好吃的时令菜。香辣的口味，脆脆的藕丝，你一定会觉得很过瘾！

告诉你切藕丝的窍门

材料 嫩藕1段、青椒、红椒、老干妈豆豉酱

调料 糖、盐

做法
1. 准备材料。藕去皮，竖着先切成片。
2. 把藕片切成藕丝。青椒、红椒洗净切成圈。
3. 锅烧热，放油，开中大火。油热后倒入青椒、红椒圈爆出香味。
4. 倒入藕丝不断翻炒至藕丝开始变透明。
5. 加入1茶匙老干妈豆豉酱。
6. 加　点盐。
7. 再加一点点糖。
8. 保持中大火，翻炒均匀，出锅。

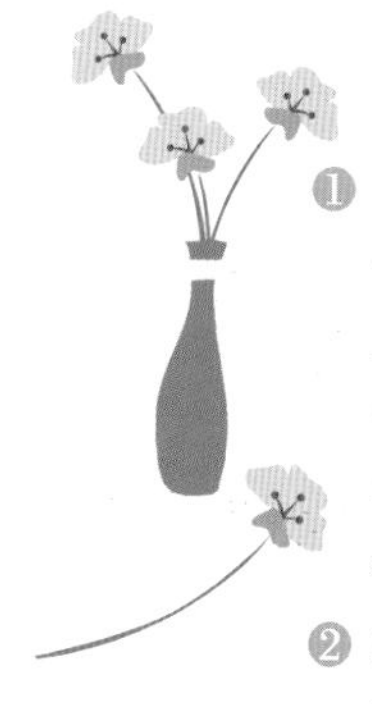

小细节，大提升

❶ 藕丝切好后应马上开炒。如果不能马上炒，则应泡在放了白醋的水里浸泡，否则藕会氧化变色。还有炒藕不要用铁锅，藕遇铁锅易发黑。

❷ 建议根据所用豆豉酱的味道来调整盐和糖的用量。炒的时候如果感觉藕丝较干，也可以淋点水再炒。

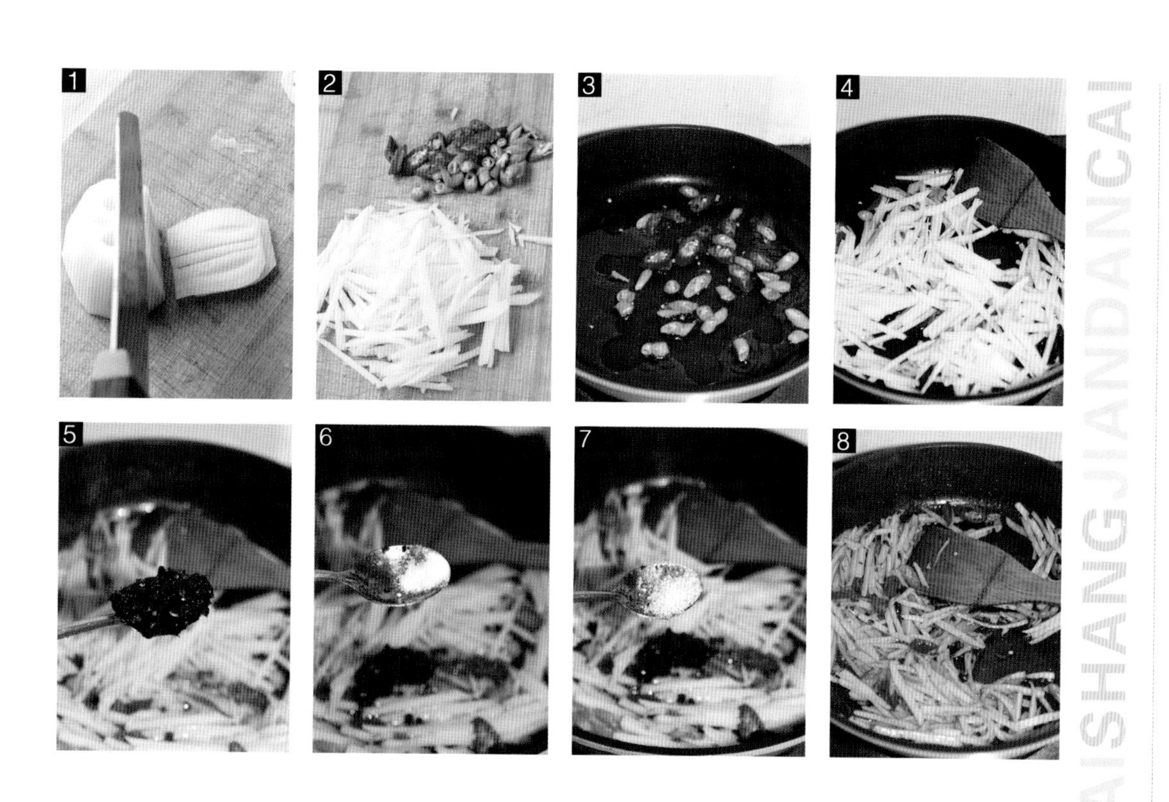

如何切出漂亮的藕丝

平时我们切藕片的时候都是把藕横过来切的，切好的藕片薄薄的，有很多孔，可好看了。但是切藕丝可不能这样切，因为藕是有孔洞的，横过来切就会因为当中的孔洞而断成小截。正确的切藕丝方法是：把藕换个面，竖起来切成薄片后再切成丝，这样就能切出细细长长的漂亮藕丝了。

如何防止藕在烹饪过程中发黑变色

藕组织中含黄酮素与多酚氧化酶，这两种物质与空气接触后会被氧化而变成黑色。

- 可将其泡在淡盐水中，使其与空气隔绝，即可防止氧化变色。
- 在水中滴入几滴醋也可以防止藕被氧化。
- 用沸水烫一下也很管用哦！
- 炒藕片时越炒越黏，可边炒边加少许清水，不但好炒，而且炒出来的藕片又白又嫩。
- 煮藕时忌用铁器，因为铁器会使藕发黑。

泡淡盐水

滴白醋

汆烫

边炒边加清水

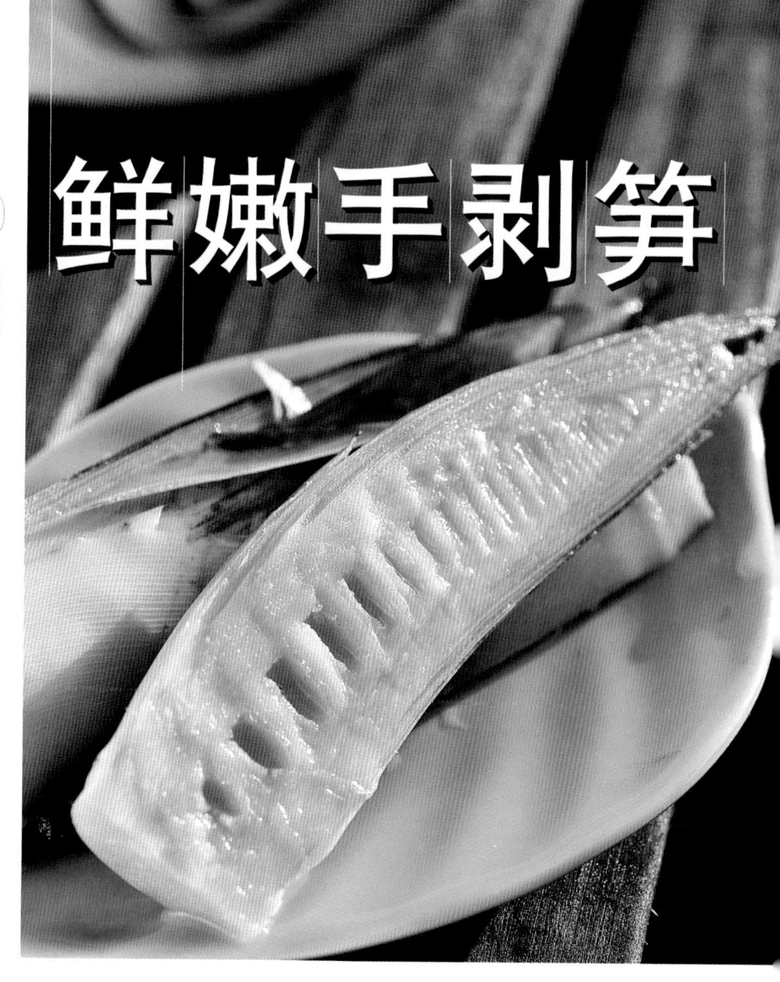

鲜嫩手剥笋

江浙人都爱的一道冷菜

江浙一带的人都酷爱吃笋。笋的品种也非常繁多，春笋、冬笋、鞭笋、毛笋、野笋……这些笋中，我最爱的是春笋，鲜鲜嫩嫩，怎么做都非常好吃。手剥笋这道冷菜在杭州很受欢迎，脆嫩鲜甜，清爽的味道很开胃口，既能作为前菜冷盘，也能作为下酒的配菜，还能作为平时的休闲食品。手剥笋的做法各异，制作时间最长的需要煮两个小时。我向来喜欢简便，于是选了其中比较简单的做法。做法虽然简单，但味道却绝不简单，那清脆鲜嫩的口感，一定会让你吃了一根还想再来一根。

材料 嫩的小春笋、姜片、香叶、八角、桂皮

调料 冰糖、盐

做法

1. 嫩的小春笋切去根部，连壳刷洗干净，对半剖开。
2. 准备好配料（根据个人口味调节配料的用量）。
3. 锅中放入所有配料，倒入清水，煮开。
4. 放入切好的笋，大火煮开，转小火焖煮20分钟后关火。不要开盖，让笋泡在汤汁里，等完全冷却后，放入冰箱冷藏一个晚上即可食用。

1

2

3

4

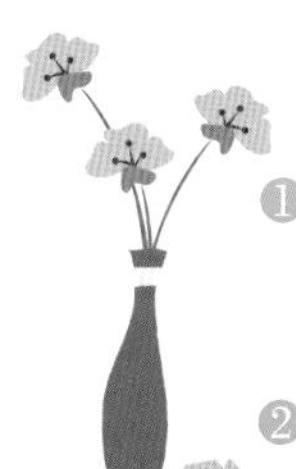

小细节，大提升

① 各种香料的量不能太大，否则香料的香味会抢去笋本身的鲜香味。如果喜欢吃辣，可以加几个干辣椒一起煮。

② 正宗的手剥笋应该以高山野笋为原料，但那一般很难买到，家庭自制推荐用嫩春笋代替。如果买不到小支的嫩春笋，可将大支新鲜春笋带皮洗净，在距离顶端约10厘米处切断，用春笋头制作手剥笋，余下部分用来烹制其他菜肴。

干锅花菜

蔬菜也能吃出过瘾的感觉，这道干锅花菜能征服很多人的嘴巴。经过爆炒，花菜吸收了五花肉的味道，很香，还吸收了豆豉酱的鲜辣，超级下饭。特别喜欢用里面的肉片和花菜蘸着底下仅有的一点汤水吃，很入味，是道标准的米饭杀手，喜欢吃辣的你一定不能错过！

让米饭迅速见底的超级下饭菜

材料 有机花菜1颗(约400克)、五花肉一小块、蒜1根、小红辣椒3个

调料 老干妈牛肉豆豉酱1汤匙、生抽1汤匙、糖一点点

做法

1. 花菜朵朝下，没入淡盐水中浸泡20分钟。
2. 洗净用小刀拆成小朵，入开水锅中焯1分钟左右，捞出后用冷水冲淋凉透，沥水备用。
3. 五花肉切成薄片，蒜白用刀背拍扁，小红辣椒切成段。
4. 锅烧热放油，油热后下蒜白爆香。
5. 加入五花肉片，用中火煸炒至表面全部变色。继续煸炒一会儿，把肥肉部分的油分逼出一部分。
6. 加入1汤匙老干妈牛肉豆豉酱炒香。
7. 倒入红辣椒段和花菜，翻炒几下后，加入1汤匙生抽和一点糖，转大火不断翻炒1分钟左右。
8. 把蒜叶切成段，放入锅中。翻炒几下后，关火焖1分钟左右即可出锅。

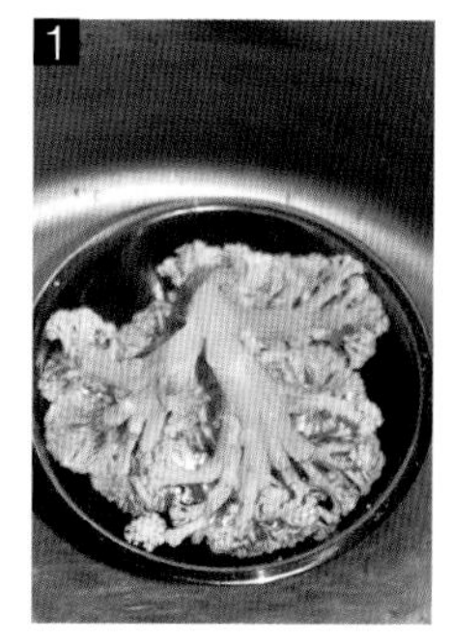

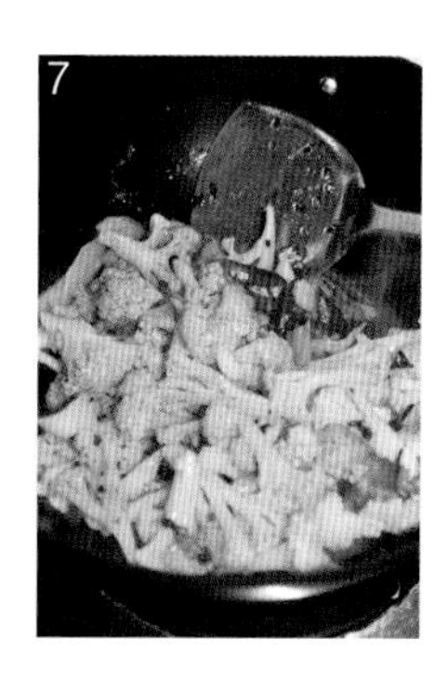

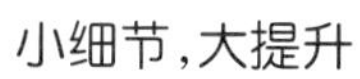

小细节，大提升

❶ 花菜用淡盐水浸泡，可以逼出里面可能会有的小虫子，并且有杀菌作用。

❷ 这道菜的口感要有些脆的，所以花菜焯水时间不要太长，焯水捞出后立即用冷水冲淋降温，这样花菜就会有脆脆的口感了。当然如果你喜欢那种酥烂的口感，可以延长焯水时间，捞出后也不需要用冷水冲淋。

❸ 这道菜一定要用带肥的五花肉来做。五花肉在煎炒的过程中，会逼出一些肥肉的油分，而花菜就是要吸收了这些荤油，味道才会香。煸炒五花肉时火不要开太大，否则很容易焦。

❹ 最后加入蒜叶后，不要马上盛起，盖上盖子焖一会儿，蒜叶的颜色会更碧绿更好看。

美味酱萝卜

这是天冷的时候我经常会在家做的一道餐前开胃凉菜，也是在微博中被大家广泛传做的一道佳肴。大家都说喜欢它咸鲜甜脆的味道，非常爽口，餐前如果吃上几片，一定能让你的胃口瞬间打开。

餐前必不可少的爽口开胃菜

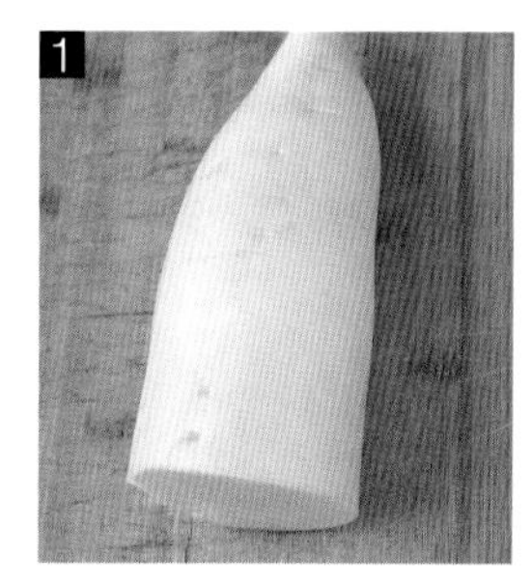

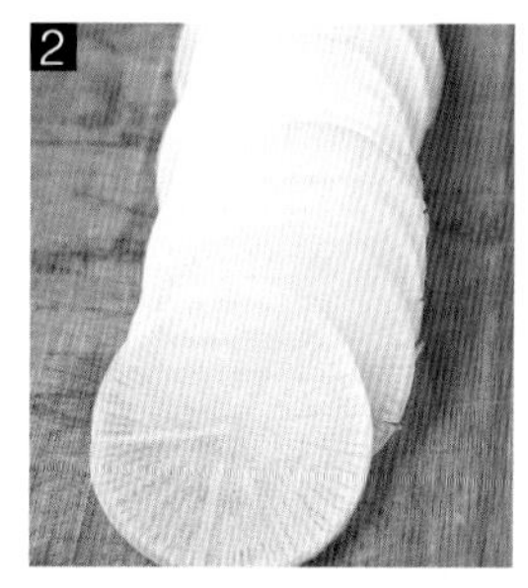

材料 白萝卜1000克

调料 盐小半汤匙（5克，用于腌制）、糖小半汤匙（5克，用于腌制）、生抽7汤匙、糖2汤匙、白醋1.5汤匙、纯净水7汤匙

做法

1. 白萝卜半根，大约1000克。
2. 萝卜不要去皮，带皮才会爽脆，洗刷干净后切成薄片。
3. 萝卜片中加入小半汤匙细盐，拌匀腌半个小时。再把水倒出，挤干。
4. 再放小半汤匙糖，拌匀腌半小时，挤干水分。再重复一次。
5. 在出好水的萝卜片里放7汤匙生抽、2汤匙糖、1.5汤匙白醋、7汤匙纯净水。
6. 拌匀，调料汁的量要跟萝卜齐平，以萝卜可以基本泡在汁里面为准。放好调料汁后可以尝下味道，自己再调整一下。然后盖上盖子，放入冰箱冷藏，腌制两天左右即可取出食用。如果你心急，第二天就可以拿少量出来尝尝啦！

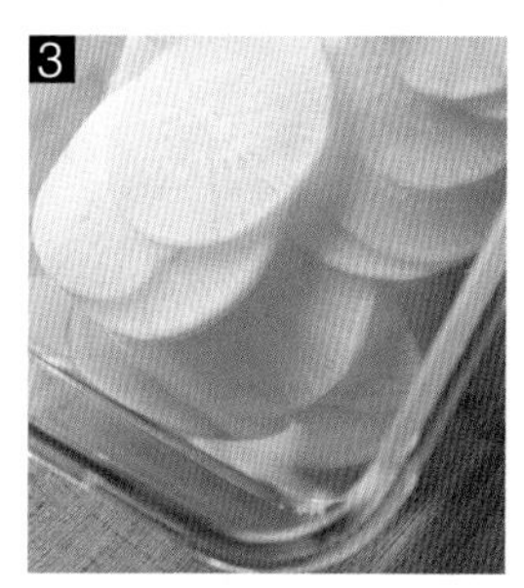

小细节，大提升

❶ 建议在菜场买半根的白萝卜，这样可以从切面看出萝卜的好坏。

❷ 萝卜片不要切得太薄了，否则成品就失去了爽脆的口感。我一般会切成厚约1毫米的片，这样调味料容易入味，腌制好的萝卜片也比较爽脆。

❸ 前期腌制出水和挤干水分的步骤不要偷懒。腌三遍是有道理的，经过三遍的腌制，成品才会没有生萝卜味。

❹ 用一遍盐两遍糖腌制可以避免全部用盐腌制后，萝卜变得很咸，这样后面腌制的时候就没法再放生抽腌制了。

❺ 调味料的量只供参考，可以根据萝卜的量和自己的口味来调整。

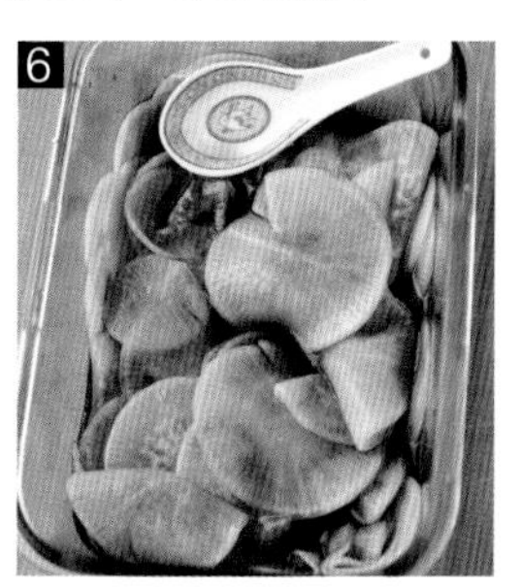

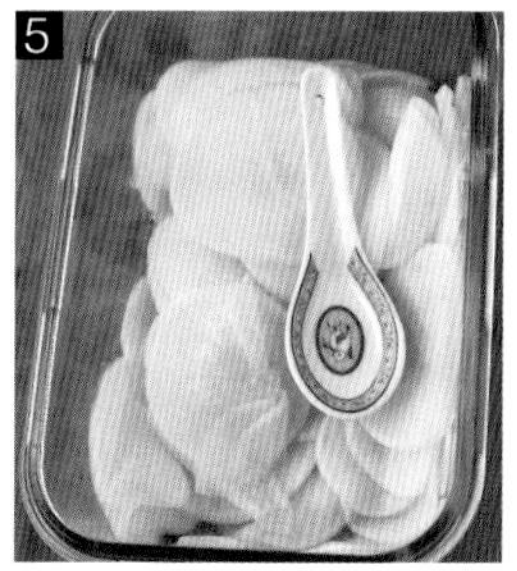

酱烧茄条

不知道为什么，记得我小时候不要吃茄子的，长大了才慢慢喜欢起来。小哲很像小时候的我，不碰茄子，说不好吃。我就会笑他："这么好吃的茄子为什么不要吃呢，很糯、很好吃啊！"这次的酱烧茄条，他照例不吃茄子，但是用勺子兜里面的酱汁浇在饭上吃，居然破天荒地很快把一碗饭干掉了，而剩下的茄条，我和哲爸抢着吃……

烧茄子省油法

材料 茄子5根、姜末、葱末、蒜末

调料 甜面酱、老抽、盐、糖、鸡精、水淀粉

做法

1. 茄子用淡盐水浸泡洗净后，切成长条，泡在清水里至少15分钟。
2. 倒掉泡茄子的水，把茄子一根根用干净的布擦干。
3. 锅里放油烧热（用平时烧菜时的油量就可以了）。依次放入茄条，煎至变软。
4. 将煎好的茄条放盘子里备用。
5. 用锅里剩下的一点油爆香葱、姜、蒜末，再加入1汤匙甜面酱翻炒。
6. 加点儿水烧开。
7. 放入煎好的茄条，加半汤匙老抽、一点点糖，煮沸后转小火盖上盖子煮两分钟，再加一点点盐和鸡精调好味。
8. 倒入少许调好的水淀粉，勾芡后出锅，撒上葱花。

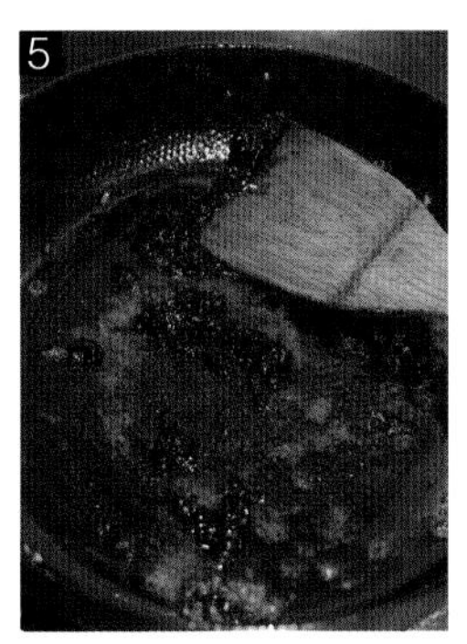

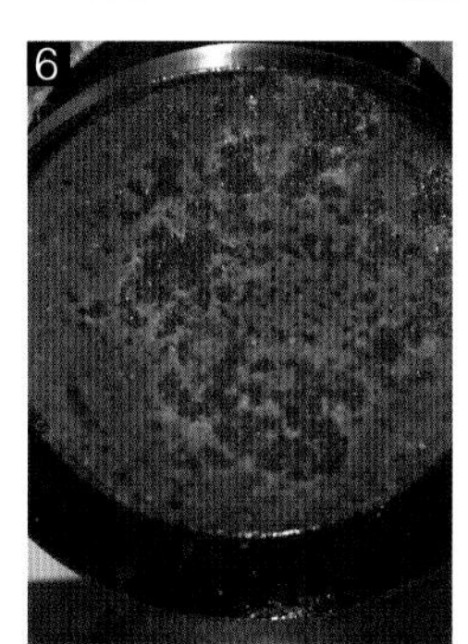

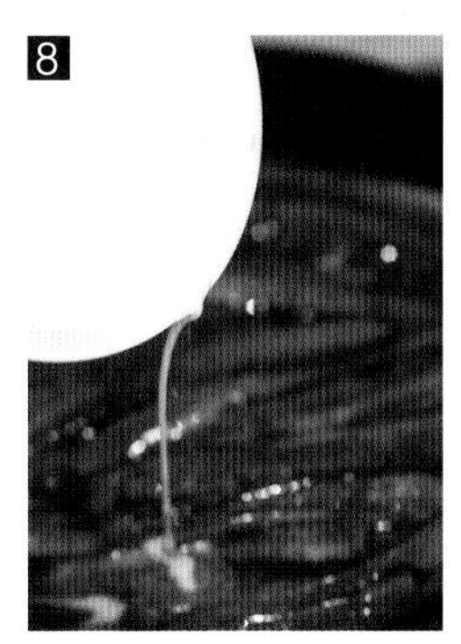

小细节，大提升

❶ 将切好的茄子泡在淡盐水里，一来可以去掉茄子的涩味，二来茄子吸了水，烧起来会省油。

❷ 将茄条放入油锅煎是为了保持茄条的形状，如果切成其他形状，可以直接入锅炒。

烧茄子省油法

茄子特别费油，我这里用的省油方法是把切好的茄子泡在水里，让茄子先吸饱了水再烧，这样会比较省油。

另外也可以在烧茄子前先通过预处理，使其软化或者失水，降低茄子的吸油能力。

- 盐杀法：就是在茄子上抹少量的盐，等茄子出水后挤干水分，然后再制作菜肴。
- 微波法：就是在微波炉里热一下，使茄子软化。用这个方法速度快，比较节省时间。
- 蒸汽法：就是把茄子上锅蒸一下，使其软化。
- 焯水法：就是把切好的茄子下沸水氽烫一下，使其软化。
- 挂粉挂糊法：这个方法通常和盐杀法搭配，靠淀粉的隔离作用减少吸油，不过这种做法烧出来的茄子和其他做法烧出来的茄子风味上有明显的不同，不是所有的茄子菜肴都适用的。

盐杀

微波

蒸汽

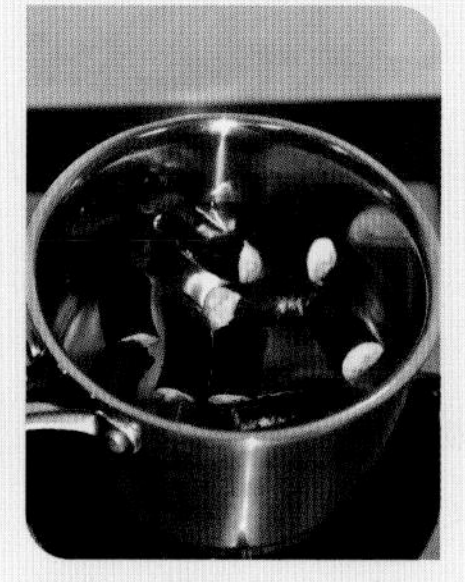

焯水

挂粉挂糊

冬天最给力的石锅菜

豉椒娃娃菜

冬天的时候，大家会比较想要吃肉类，因为肉类能提供一定的热量。那么冬天有没有办法把蔬菜也做得令人温暖呢？答案是：当然可以。给蔬菜也来点重口味，加点辣加点鲜，它就能在感官上满足你的需求。石锅娃娃菜，又辣又鲜又爽还很温暖，冬天的餐桌上有这么一锅嗞嗞作响、热气腾腾的蔬菜，很给力吧！

材料 娃娃菜1棵、野山椒（就是我们常说的小米椒）

调料 豆豉酱、蚝油、糖

做法

1. 将整颗娃娃菜放入水中泡一下，洗净，甩掉水分。用刀把根部老皮削掉（不要把根部削掉切，否则娃娃菜会散开的）。
2. 然后先竖向一切为二竖，再切三刀成条状。
3. 锅中放油烧热，放入娃娃菜煸炒至软，加1汤匙豆豉酱和1茶匙蚝油。放入野山椒，再加一点儿糖（约1克），炒匀，离火。
4. 石锅烧热，倒入炒好的娃娃菜后立刻端上桌。

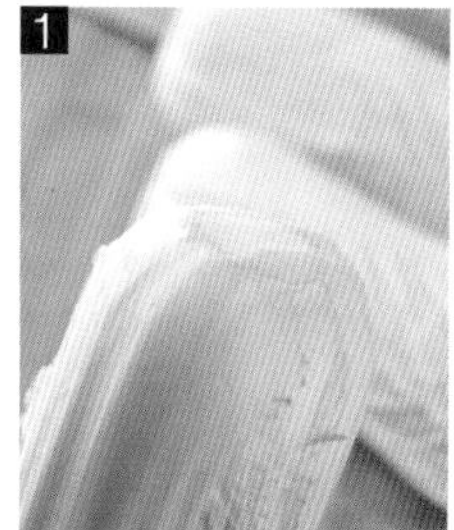

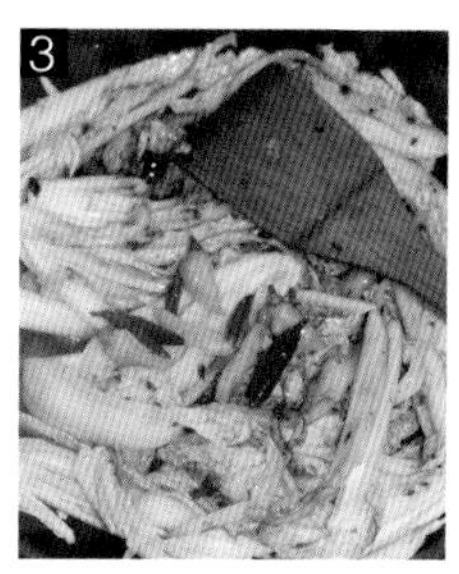

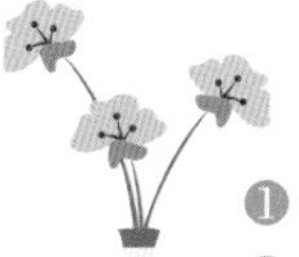

小细节，大提升

1. 娃娃菜要整颗竖切成条，这样做出来形状才会好看，不会变成烂烂的一团。
2. 如果用的豆豉酱比较咸，可以加点糖来调调味。豆豉酱有鲜味，所以不需要放鸡精。
3. 豆豉酱和野山椒的用量根据自己能吃辣的程度来放哦！嗜辣者可以把小米椒切碎后再放入娃娃菜中炒。
4. 如果家里没有石锅，可以用沙锅代替。

黑木耳拌西芹

这是每到夏天我就会常常想要吃的一道菜。窗外炎炎烈日让人胃口不好的时候，会非常喜欢这样微酸、微辣的开胃凉菜。对于凉拌菜，我有一种单纯的热爱，因为只需要焯水、过凉、加料、拌匀这几个简单的步骤，就能成就一道美味。夏日与其挥汗如雨地在厨房奋斗，不如多做些远离油烟和热气的简单菜，既美味又营养。

远离油烟和热气的简单菜

材料 黑木耳、西芹、少许蒜末

调料 生抽、香醋、香油、油辣子、蜂蜜

做法

1. 黑木耳用冷水泡发，漂洗干净后摘去老根。
2. 西芹掰开洗净，左手按着西芹，右手把刨刀按在西芹上，轻轻刮过，把老筋刮去(这样口感更好些)。
3. 锅中放水烧开，加入西芹焯水一两分钟，捞出后立即浸入冰水中。
4. 把黑木耳放入焯西芹的水中，大约3分钟后，捞出浸入冰水。
5. 把西芹和黑木耳从冰水中捞出沥干水分，西芹切小段，黑木耳撕成小朵。全部放入大盆中。
6. 生抽、香醋各1.5汤匙，香油、油辣子各1茶匙，蜂蜜半汤匙，调和成调味汁。
7. 再切点儿蒜末，放入大盆中，倒入调味汁拌匀即可。

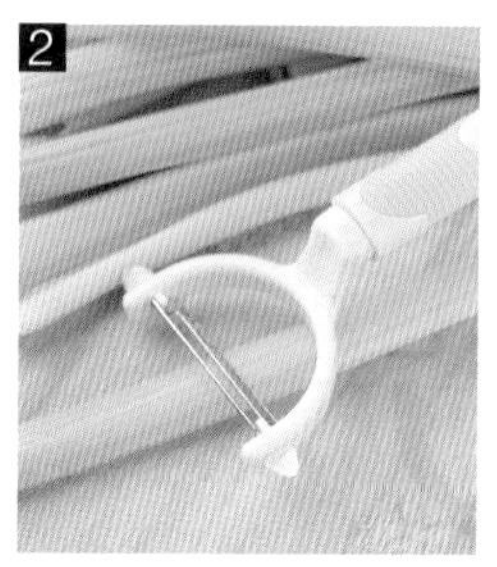

小细节，大提升

❶ 西芹和黑木耳焯水后立即浸入冰水中，可以让两者的口感爽脆，如果家里没有冰水，也可出锅后用凉水迅速冲凉，再用凉水浸泡一会儿。

❷ 现在市场上有卖鲜木耳的，但我不建议大家购买食用。因为鲜木耳含有卟啉类的光感物质，食用后若被太阳照射可引发皮肤瘙痒、水肿等现象，严重者甚至会引起皮肤坏死，对人体健康有一定的危害。

❸ 推荐使用东北产的黑木耳。东北木耳具有肉厚、味美、朵大、色黑的特点，是木耳中的佳品。

黑木耳的泡发和清洗

泡发

不少人爱用热水泡发木耳，认为这样做泡发速度快，木耳个头大。其实泡发黑木耳不宜用热水。用热水泡发只能将干木耳泡发到其原重的2.5～3.5倍，而且口感会发黏。正确的方法应该是用冷水或者温水浸泡，几个小时后干木耳就会自然膨胀至原来的3.5～4.5倍，而且这样泡出来的木耳口感脆嫩爽口。冬天气温低的时候，浸泡木耳的时间可以相对延长些。还可以用淘米水泡发木耳，那样泡出来的木耳不但肥大，易清洗，而且味道鲜美。

清洗

- 在洗木耳的水中加一勺面粉，顺一个方向搅拌一下，静置10分钟左右再清洗。面粉有黏性，会把木耳表面的泥沙带下来，最后再用清水冲洗即可。
- 在洗木耳的水里加点盐，泡10分钟后，顺一个方向搅拌下，木耳表面的泥沙会顺水流方向冲下来，然后再用清水冲洗干净。
- 也可以加点米醋，轻轻揉搓就能将木耳上的沙土除去。

加面粉清洗　　加盐清洗　　加醋清洗

蔬菜吃出肉味儿

红油茶花菇

大部分的蔬菜，给人的感觉是清新爽口、多纤维的，但是菌菇类就完全不一样了，大部分的菌菇类有着厚实的菇肉，并且比较容易吸收调味料的味道。利用菌菇的这个特点，搭配上合适的调味料，就能用蔬菜做出类似于肉的口感。用干花菇做了这道菜，咬着厚实的花菇肉，软软嫩嫩的、香香辣辣的，还真有点吃肉的感觉哦！

材料 干花菇15朵、香菜5棵

调料 辣椒油、花椒油、糖、盐、鸡精

做法

1. 干花菇用温水泡开后冲洗一下，去蒂，放入开水锅中焯熟（约1分钟即可）。
2. 捞出焯好的花菇，稍凉后挤干水分，切成片。
3. 香菜择洗干净，切成小段。
4. 把花菇和香菜碎放入大碗中，放点盐、鸡精、1汤匙糖、1茶匙红辣椒油、1茶匙花椒油拌匀后静置几个小时，入味后即可食用。

1

2

3

4

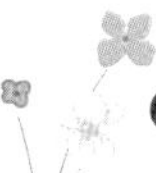

小细节，大提升

❶ 花菇只要泡开即可，不要泡发太久，我大概泡了一个小时。泡太久的话，花菇会太软，咬起来口感就没那么好了。同样道理，焯水时间也不要太长。

❷ 做这个菜时，糖的量要多一点才好吃。如果买不到现成的花椒油，可以自己用花椒炸花椒油。

❸ 拌好后不要马上吃，待调味料的味道渗进花菇后味道才会好。我甚至试过放冰箱过夜，感觉时间长了味道更棒。

酱烧豆腐菇

变着花样吃豆腐

这道菜是我的第一本美食书《简单·菜》的封面。很多买了书的朋友都来问："封面那道菜在第几页？"好吧，上次没能收录进书的一道好菜，这次说什么也要呈现给大家了。

豆制品绝对可以算素食主义者的恩物。同一种原料，通过不同手法，可以衍生出千变万化的形态和口味。豆腐，最最平常的食材，虽然几乎天天见面，但这口香滑软嫩却依旧诱人。搭配上XO酱，就是一道叫好又叫座的看家菜了，保证让谁都惊羡于你的厨艺。

材料 板豆腐1块、蟹味菇1包

调料 XO酱、盐

做法

1. 蟹味菇洗净，剪去根部，放入开水锅中焯水1分钟后捞出，沥干水分。豆腐切小块。
2. 锅烧热后，放少量油，待油热后放入豆腐块，稍微煎一下。
3. 倒入焯过水的蟹味菇，用锅铲推匀。
4. 加入2汤匙XO酱，加入一点盐，把锅中食材推匀。加一点点水后再煮两分钟即可。

煎豆腐如何做到不粘锅、不破皮

锅要烧热

锅子一定要彻底洗干净后开火，空锅烧到很热（锅子冒烟）再放油，油热了才能把豆腐入锅煎。

火不要太大

煎豆腐时始终保持中火，这样既能让豆腐表层迅速结壳，又能锁住豆腐中的水分，从而保持豆腐内部的嫩滑。

不能太心急

豆腐入锅后，不要急着去动它，等豆腐煎出焦皮再翻面就会完全不粘锅，所以煎的时间和火候要掌握好。

动锅不动铲

煎豆腐的时候可以转动锅子，让所有的豆腐都受热均匀，这个过程中不要用锅铲。煎到晃动锅子，豆腐能在锅中动了，说明一面已经煎好，这时候再用锅铲来翻面就可以了。

煎豆腐最好用板豆腐

对于新手来说，煎豆腐最好选用板豆腐，质地坚实一些，不大容易煎碎。内酯豆腐太嫩，不适合煎。

板豆腐一块

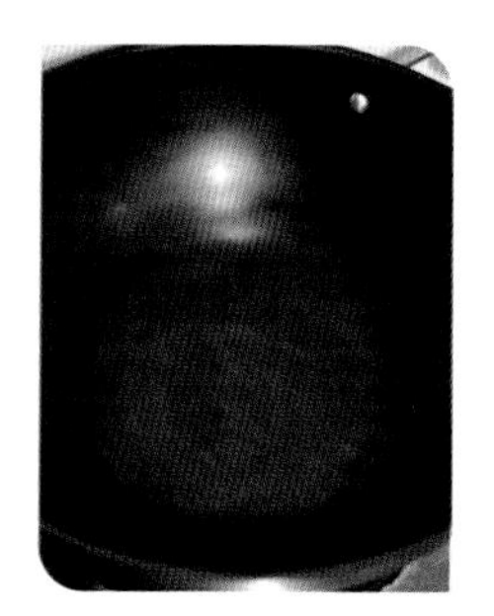

空锅烧热

入锅后先不动

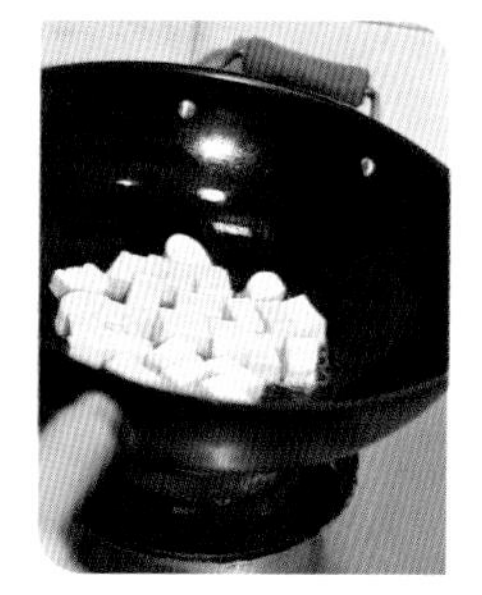

晃锅

第二章

鱼与美味，必可兼得

鱼虾海鲜，留给人们的第一印象就是鲜美无比！中国汉字中“鲜”字的半边就是鱼，最有力地证明了鱼的美味、水产海鲜的鲜美！每次逛海鲜市场，它们都让我目不暇接、流连忘返。看着形形色色鲜活的鱼在水池里挨挨挤挤地成群结队游来游去，虾儿们在盆里活蹦乱跳，海鲜摊上整齐摆着的闪着银光的带鱼、张牙舞爪的螃蟹和八爪鱼……对于爱吃鱼的人，这是多大的诱惑啊！此时心中最羡慕的就是那些靠着海、傍着水长大的孩子，他们吃着鱼虾海鲜长大，简直是鲜味中泡大的孩子啊！做个爱吃鱼的孩子，让我们把鱼虾海鲜的美味发挥到极致吧！

蒜蓉粉丝蒸扇贝

餐厅里扇贝最常见的吃法就是蒜蓉粉丝蒸扇贝，不光扇贝鲜美，连本身毫无味道的粉丝也因为吸收了扇贝的鲜、蒜蓉的香、豉油的咸，变得异常美味。最爱最后那个步骤，热油浇在蒸好的扇贝上，嗞啦一声后，就能开动啦！我每次都是迫不及待地先把粉丝吃光光，再品尝扇贝，一口咬下去，贝肉肥美，汁水鲜香，汁从齿间溢出，在舌尖缠绕……

嗞啦一声的美味

材料 扇贝、龙口粉丝、蒜蓉、姜丝、葱花

调料 盐、白胡椒粉、白酒、色拉油、鲜味生抽

做法

1. 龙口粉丝一小把，用热水泡软（大概十多分钟就软了），沥干水分待用。
2. 在洗净的扇贝肉上撒少许盐、白酒和白胡椒粉拌匀，再放点淀粉拌匀，腌制待用。
3. 起个油锅，把蒜蓉煸香。
4. 将一半煸香的蒜蓉装入碗中，倒入少许蒸鱼豉油拌匀成调味汁。
5. 把粉丝剪成小段，垫在扇贝底下，把锅中剩下的一半蒜蓉分放在每个扇贝肉上，再放上姜丝。
6. 蒸锅里放冷水烧开，放入扇贝大火蒸5分钟出锅。
7. 扇贝蒸好后去掉上面姜丝，用小勺把步骤4的调味汁趁热浇在每个扇贝上，撒上葱花。
8. 干净的炒锅烧热，放入一大匙的油，烧至冒烟，将油均匀地浇在每个扇贝上，嗞啦一声后，即可开动啦！

小细节，大提升

❶ 其实扇贝的裙边可以吃，不是很讲究的话，把裙边刷洗干净，可以和贝肉、贝黄一起烹饪。

❷ 调制调味汁时如果没有蒸鱼豉油，可以用其他鲜味生抽代替。

❸ 腌制贝肉的时候，加点淀粉拌匀，这样处理过的贝肉能保持鲜嫩。

❹ 蒜蓉要用油炒过，这样才能更好地释放蒜的香味，同时也没有了生蒜的辛辣。

❺ 蒸的时间一定要把握好，蒸过头肉老了就不好吃了。大个的扇贝一般蒸5分钟，小个的扇贝一般蒸3分钟。

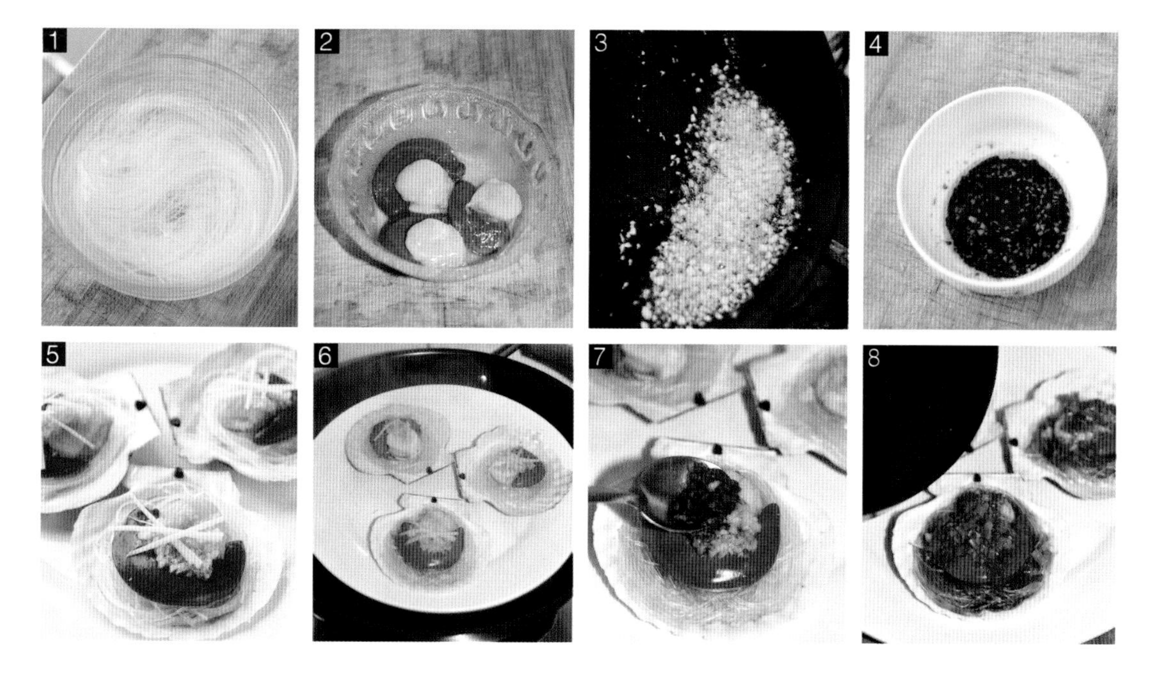

详解清洗扇贝的方法

1. 先用牙刷刷净扇贝的外壳。
2. 用小刀伸进去把扇贝撬开，留下有肉的半边，沿着壳壁用小刀把贝肉取下。
3. 裙边下面那层睫毛状的黄色部分是鳃，要去除。
4. 贝肉后部那块黑黑的是内脏，要去除。
5. 只留下中间那团圆形的肉以及月牙形的黄（其实不讲究的话，裙边刷洗干净也可以吃）。
6. 取一个大碗，里面放水，加点盐，把贝肉放进去泡两三分钟，然后用筷子顺时针轻轻搅拌贝肉，这样贝肉里的泥沙就会沉人碗底，再用清水冲洗下，贝肉就洗干净了。

1 刷净外壳　2 撬开　3 去鳃
4 去内脏　5 留下圆形肉　6 浸泡

最简单最美味

盐焗蛏子

蛏子，鲜美的贝类，做法多种多样，餐馆里最常见的是铁板蛏子、蒜泥炒蛏子。而我认为，家庭做法中最能体现蛏子本身的鲜味的，莫过于盐焗蛏子了。取材简单，做法便捷，省时快速。一只盐焗蛏子入口，蛏肉肥嫩，鲜美的汁水漫开，让你忍不住吃了一个又一个。

材料 蛏子、粗盐一包(300克)、香叶、花椒、五香粉一小撮

做法

1. 蛏子用小刀在后背划开，水分会流出。静置10分钟让其沥干水分。
2. 锅中倒入粗盐铺平，中火炒至发烫。放入花椒、香叶和五香粉，炒出香味。
3. 把沥干水分的蛏子，开口朝下，背部朝上，排入锅中。
4. 盖上盖子，关火，利用锅中盐的余温闷10分钟左右即可。吃的时候把表面盐粒弄干净。

1

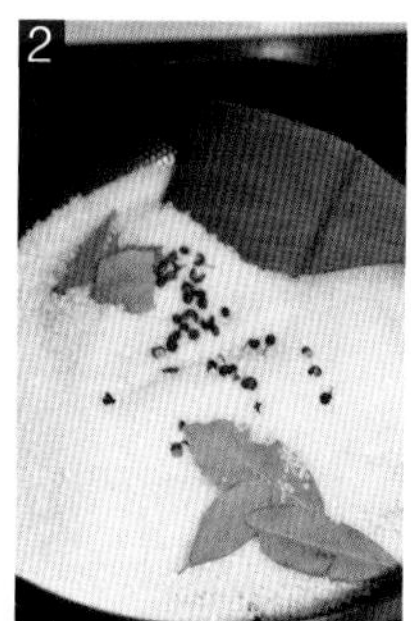

2

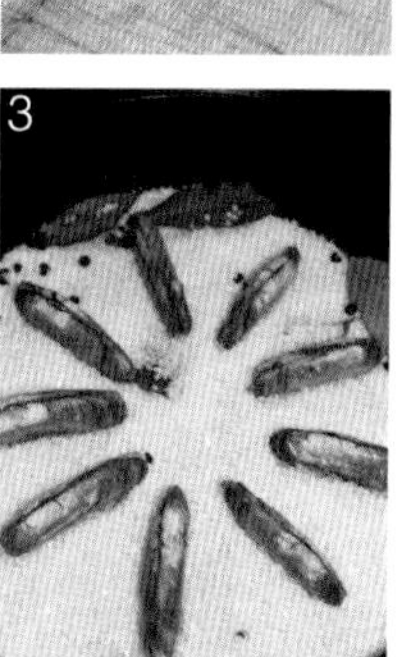

3

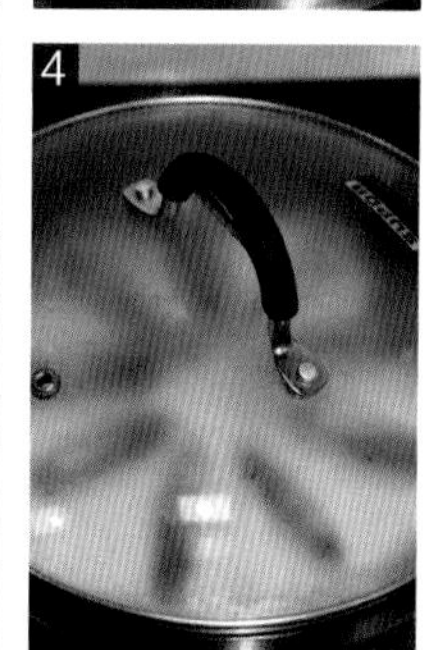

4

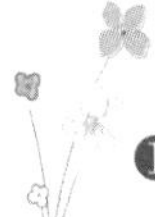

小细节，大提升

❶ 用小刀在蛏子的背部划一刀，会发现立刻会有水涌出。把蛏子里的水沥干，这样用盐焗的时候才不会因为蛏子里的水分太多流出来，把盐融化，导致蛏子太咸。

❷ 用过的盐过筛后还可以用来做盐焗菜，只是不要重复使用多次，因为每做一次都有一些盐会结块。用过的盐还可以用来腌菜、腌肉。

蜜汁煎烧鱼

很久之前做过这道，后来翻看之前博文，忽然非常怀念这个味道，于是去市场买了鱼回来再次炮制出了这道美味。这个做法很适合用来烹制河鱼，可以非常好地掩盖掉河鱼本身的泥土味，小孩子也很喜欢吃呢！再次发觉用博客来记录生活是件很美好的事情，每每回头去翻看几年前写的东西，都能有不一样的感受，可以让我感叹时光的流逝，感叹生活的美好……

最适合河鱼的红烧鱼做法

材料 鲈鱼1条（大概500～750克，不要超过750克，也可以用鲫鱼、鳜鱼等）、姜片、葱

调料 一杯水（150毫升）、糖、生抽、老抽、料酒、醋、蜂蜜、香油、白胡椒粉

做法

1. 鱼清理干净后在身上划几刀，抹上薄盐腌制至少两小时，使鱼肉紧实。准备姜片、葱段。
2. 兑个调味汁。750克的鱼所用料为：一杯水（约150毫升）、2汤匙糖、1汤匙生抽、1汤匙老抽、1汤匙料酒、1.5汤匙醋、1汤匙蜂蜜、1汤匙香油、少许白胡椒粉（鱼小的话就相对减少调料的分量，也可以按照自己口味来增减）。
3. 在鱼身上拍面粉，拍好后抖掉多余面粉。
4. 入油锅煎到两面金黄，鱼大概五成熟时起锅。
5. 用锅中余油爆香葱、姜。
6. 煎好的鱼放入锅中，加入调好的味汁。
7. 大火烧开煮一两分钟。
8. 开盖转中火，一边煮一边将锅里的汤汁不停地用锅铲兜起淋在鱼身上。待汤汁收干后撒葱花装盘上桌。

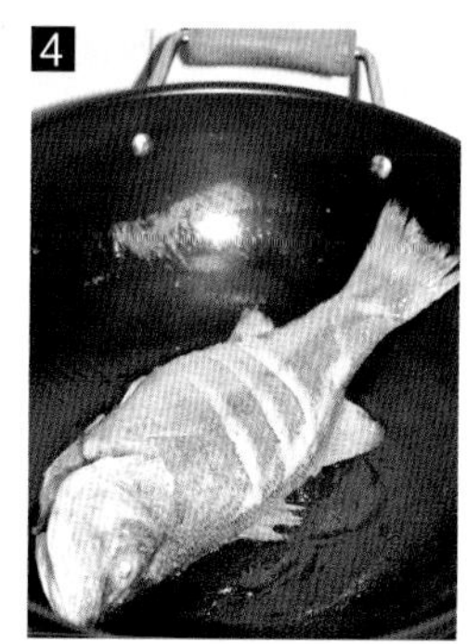

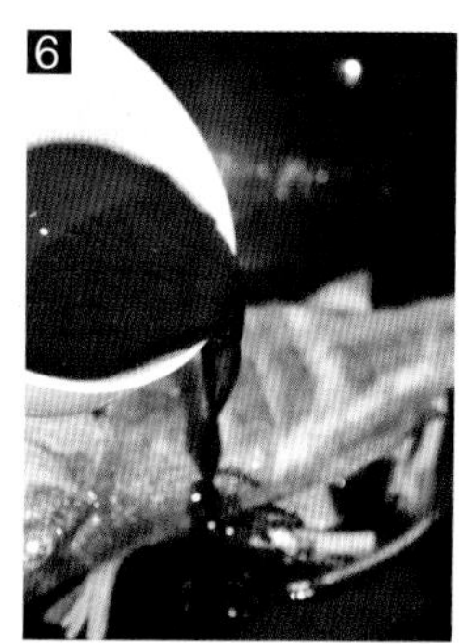
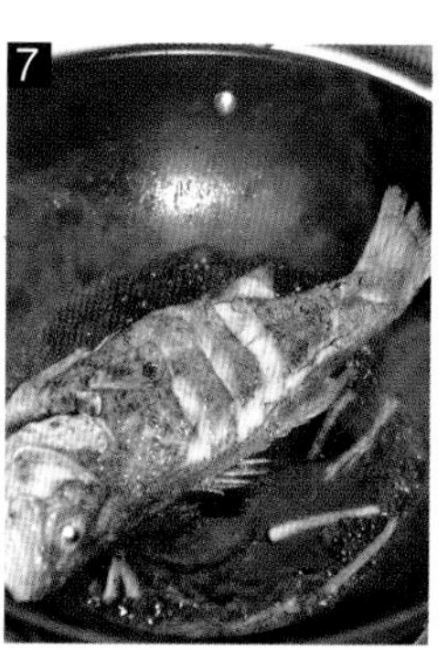
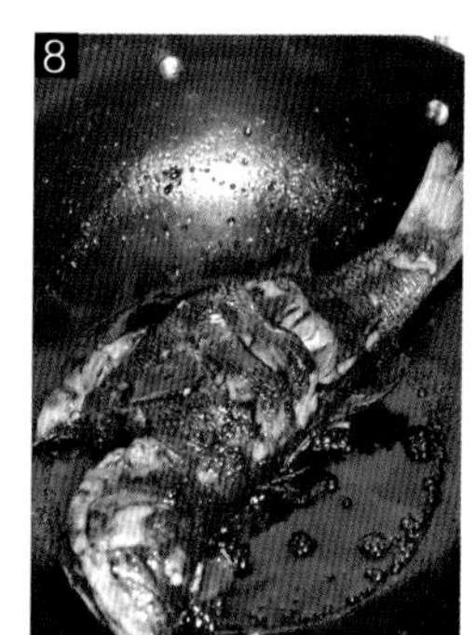

小细节，大提升

❶ 用盐腌制前先在鱼的每一面划上两三刀，一来便于入味，二来使鱼均匀受热，容易熟。

❷ 鱼入锅前在腌制好的鱼身上拍上一层薄薄的面粉，可以非常有效地避免粘锅，煎好的鱼很完整，不容易破相。

❸ 步骤4煎的时间应该稍微长一点，煎到两面金黄，鱼大约五成熟。这样一来鱼煎得很香，可以掩盖鱼本身的泥土味，二来后面煮的时间就可以减少了。

❹ 最后收汤的时候，应用锅铲不停地把汤汁浇在鱼身上，便于上色。

微波红烧鲳鱼

不用复杂的工序，没有太长的等候，只需把鱼事先用简单的调料腌制下，放入微波炉转一转，一盘香喷喷的红烧鲳鱼就出炉了。总之咱怎么省事怎么来！5分钟美味的乍现，不要惊讶，让我们来看看鲳鱼在微波炉中的美丽变身术。

懒人最爱微波菜

材料 鲳鱼1条（大约180克）、葱、姜

调料 生抽、老抽、料酒

做法

1. 材料准备好，鲳鱼开膛清理干净，葱切段，姜切片和丝。
2. 用刀斜着在鲳鱼的两面背上切出交叉纹路。
3. 鲳鱼用1茶匙生抽、1汤匙料酒、姜片和葱段腌制5分钟。
4. 取一个微波炉容器（我用的是微波专用塔吉锅），放入葱、姜和两汤匙色拉油。
5. 盖上盖子，放入微波炉热1分钟，取出。
6. 开盖，放入腌制好的鲳鱼，在鲳鱼上淋1茶匙生抽，1茶匙老抽，盖上盖子，入微波炉高火热3分钟左右。取出后，开盖撒上葱花装饰即可。

小细节，大提升

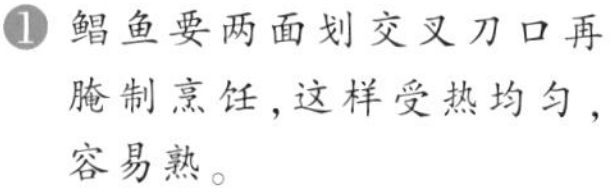

❶ 鲳鱼要两面划交叉刀口再腌制烹饪，这样受热均匀，容易熟。

❷ 我这里用的鲳鱼，没清理肚子前的重量大约是180克，微波3分钟，熟度刚刚好（我家微波炉功率700W）。如果用的鱼比较大或者厚，那么制作中途需要给鱼翻个身，并根据自家微波炉的功率来调整烹饪时间。

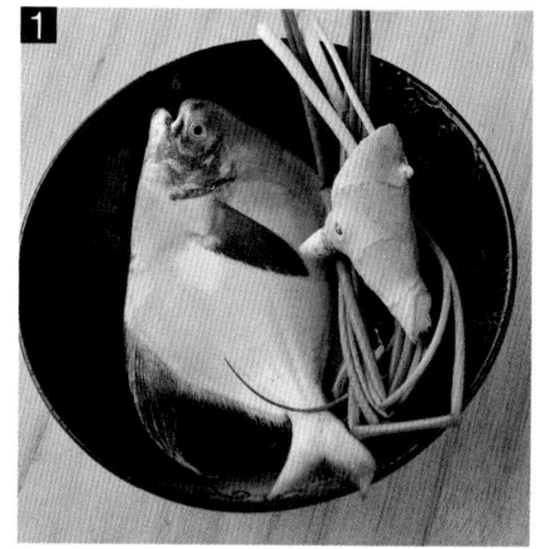

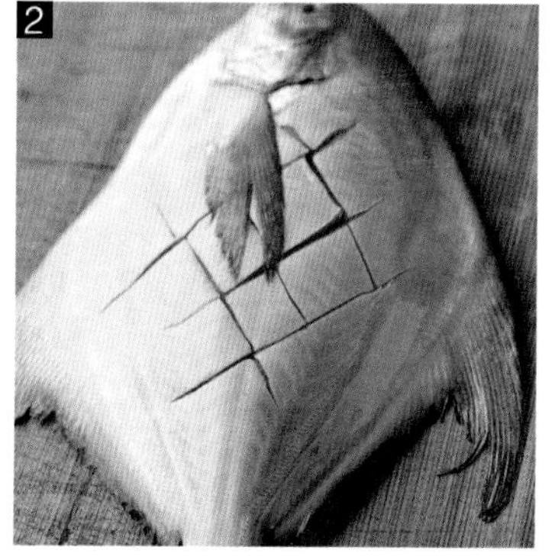

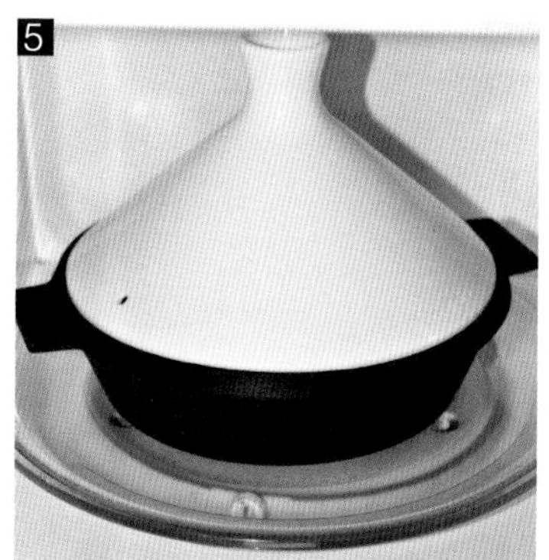

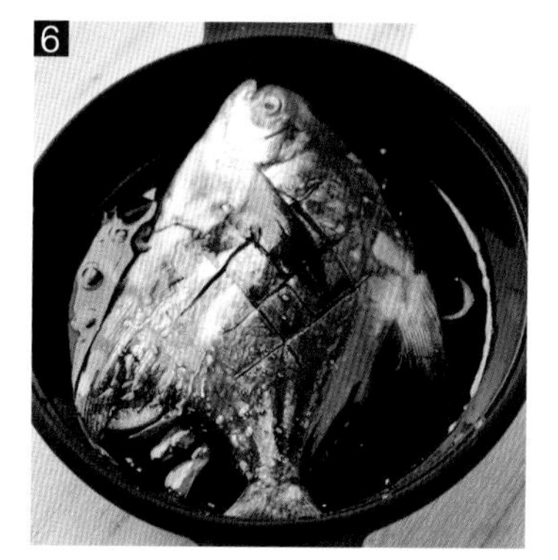

雪菜冬笋黑鱼片

鱼片，属于万人爱，是最常见的家常菜。但是好多人跟我说自家做的鱼片怎么都不滑嫩，也裹蛋清了，也放淀粉了，入锅一炒或者一煮，立马老了。其实要想把鱼片做得滑嫩，还是很有讲究的。只有上浆、入锅后的温度及时间都掌握好，才能做出滑嫩好吃的鱼片来。

炒出滑嫩鱼片的秘密

材料 浆好的黑鱼片（浆鱼片方法见后页）、冬笋、新鲜雪菜（雪里蕻）、红椒

调料 盐、鸡精

做法
1. 鱼片事先浆好备用，冬笋剥壳，红椒洗净切小片。
2. 锅中水烧开，放入冬笋，小火煮5分钟。
3. 捞出放凉，切片备用。
4. 锅子烧热，倒入食用油，热锅温油，倒入黑鱼片滑散。待鱼片大部分表面变白时立即盛出备用（二三十秒）。
5. 用锅中余油把雪菜煸炒透，约1分钟。
6. 倒入冬笋片，炒透，约两分钟。
7. 倒入黑鱼片翻炒几下。
8. 倒入红椒片，加入少许盐和鸡精，快速翻炒均匀即可出锅。

小细节，大提升

❶ 滑鱼片时油温不能太高。热锅温油就可把鱼片放入，用筷子滑散。看到锅中鱼片大部分由透明变白时立即盛出。千万不要等全部变白了再盛出，那样后面再入锅和其他材料混炒时，鱼片就太老了。

❷ 冬笋焯水后食用，可去除草酸，促进钙吸收，还可以缩短后面入锅炒制的时间。

如何浆鱼片

材料

鱼片（一条约500克的黑鱼切出来的鱼片）、盐一小撮、料酒1茶匙（5毫升）、蛋清半个、厚的红薯湿淀粉1茶匙（5毫升）

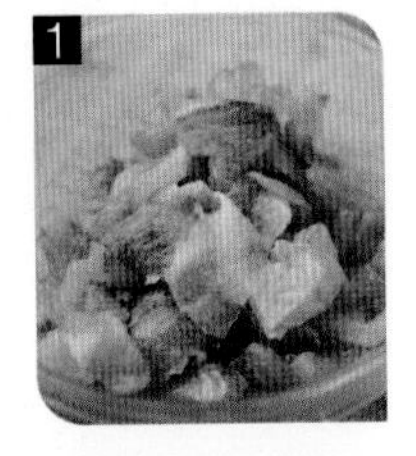

1. 鱼片洗净、沥干，用干净的布吸干表面水分（如果操作环境干净，也可以不洗）。鱼片中放一点盐，用手抓捏至发黏。

2. 放入一点料酒，用手不断抓捏到全部被鱼片吸收。

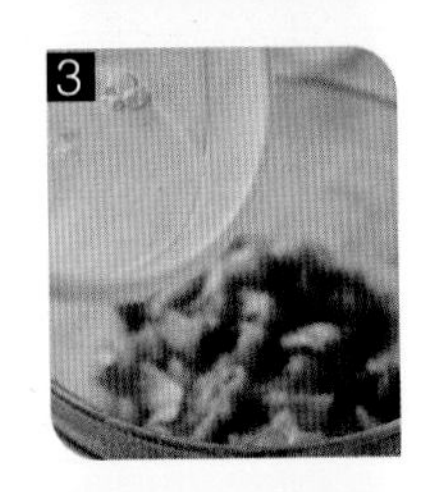

3. 一点点地加入蛋清，每加入一次都用手抓捏至蛋清被鱼片完全吸收。

4. 1茶匙红薯淀粉加很少量的水调成非常厚的湿淀粉，加入鱼片中。

5. 不断抓捏至淀粉全部裹在鱼片表面且发黏没有水分，静置。
6. 入锅前加入一些食用油拌匀。

注意事项

- 浆鱼片时不能把所有材料一起放入，要分步来，按照盐→料酒→蛋清→厚的湿淀粉的顺序来加，每次加的量不能多，要用手抓捏至完全被鱼片吸收再放下一次料。
- 一定要用红薯淀粉。因为红薯淀粉吸水性好，黏附力强，不容易脱浆。
- 蛋清的量不能多，一般一条500克的黑鱼切出来的鱼片，放半个蛋清就够了。蛋清放多了，炒的时候鱼片表面会感觉不干净。
- 入锅前记得要在浆好的鱼片中放一小勺食用油拌匀，这样入锅后鱼片不容易粘锅，鱼片也不会粘连在一起。

鲜美虾干自己做

微波虾干

虾干，不管是做汤还是做菜，都是好食材，甚至可以当零食吃，鲜美有嚼劲，好吃又补钙。我喜欢趁夏天虾多的时候，用微波炉来做虾干，不但可以控制咸度，还吃得健康安全。做好的虾干放入密封袋存入冰箱，这样一年四季什么时候想吃都行。趁着夏日，封存一罐鲜美！

材料 新鲜明虾500克（尽量买大的）

调料 盐

做法

1. 虾洗净后剪去须，撒1茶匙盐拌匀。
2. 放入微波容器中，高火热5分钟。
3. 倒掉容器中的汁水，把虾一个个平铺在微波炉的转盘上（虾不要叠起来，平铺一层），高火热5分钟。
4. 取出，把虾翻面再高火热5分钟。重复这个步骤，直到虾表面干爽，肉质捏上去尚有弹性。（我总共加热了3个5分钟，共计15分钟）。

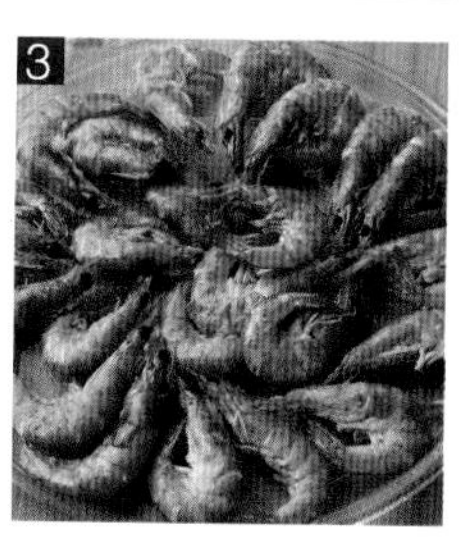

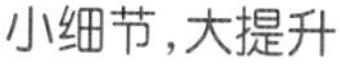

小细节，大提升

❶ 一般家庭自制虾干，用活的明虾较多。海里的对虾也可以做虾干，个头比明虾大，不过对虾不常见。

❷ 讲究点的话可以把虾头去掉，挑去肠泥，只用虾身来做虾干。

❸ 做好的虾干可密封放冰箱保存。如果是用来做菜做汤的，可以适当多放点盐，这样保存时间长、不容易坏。如果当零食吃，那么记得要控制好盐的用量，摄入太多的盐对身体不好哦。

❹ 各家微波炉的功率不同，请根据自家微波功率来调整制作时间。我家的微波炉的功率是700W。

微波香辣虾

忙碌工作了一天，晚餐往往成了上班族的大问题，天天外出觅食，总会有吃腻的一天。与其外出觅食，不如在家学做"懒人菜"！所谓"懒人菜"，并非就是老概念的一锅炖哦，而是做起来程序简单，却能保留全面的营养，同时又能色、香、味俱佳的简单菜式。工作忙碌的年轻人和想节省厨房时间的主妇们，一起来做这道微波"懒人菜"，懒人版香辣虾吧！

好吃易做的“懒人菜”

材料 明虾400克,葱、姜末

调料 料酒、色拉油、香辣酱、生抽、盐

做法

1. 明虾洗净,剪去须,从背部剪开,挑出肠泥。加1汤匙料酒腌一会儿。
2. 在微波容器中放1汤匙色拉油和葱、姜末。
3. 打开微波炉容器盖子上的透气孔,盖好盖后放入微波炉,高火加热1分钟。
4. 取出容器,开盖,放入腌好的虾,搅匀后盖上盖子,高火加热3分钟。
5. 取出,倒掉容器中的水分,加入1汤匙香辣酱、半汤匙生抽和适量盐,和虾搅匀。
6. 盖上盖子,再放入微波炉高火加热2分钟即可。

小细节,大提升

① 处理虾的时候用剪刀给虾开背,同时拉出肠泥。开背后的虾更容易入味哦。

② 微波炉容器的盖子上有个透气孔,记得放入微波炉加热的时候要让透气孔处于打开状态,这样加热过程中的热气可以顺利散发出来。

③ 虾微波加热3分钟后,记得把加热过程中渗出的水分倒掉,否则汤汁太多会影响调味料入味。

1
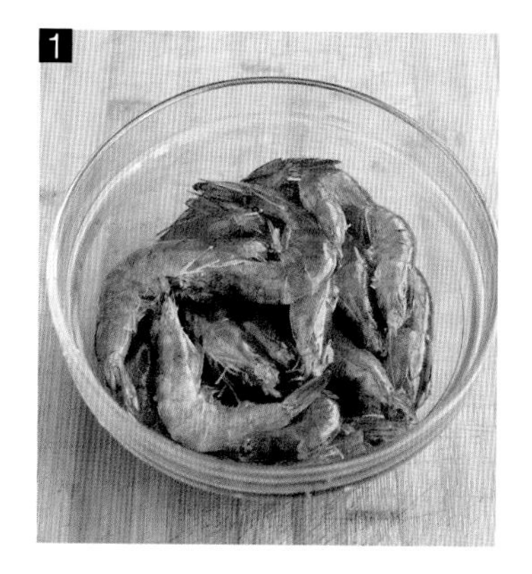

2

3
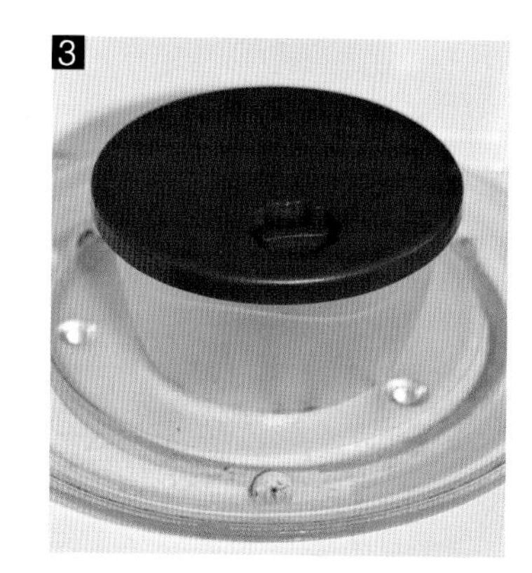

4

5

6

微波番茄虾

最近喜欢上了微波菜，真的是懒人的福音呢！选对食材，像鱼、虾、豆腐、蔬菜这类食材，只需事先稍微处理下，放入微波炉加热几分钟，美味就可以出炉了，实在是方便、快捷。尝试用我惯用的法宝番茄酱来做虾，酸甜可口的番茄虾，不光小孩子喜欢，连我这样的大人，都吃得舔手指，不亦乐乎呢！

当番茄酱遇到虾

材料 明虾15只，葱、姜丝

调料 料酒、番茄酱、蚝油、生抽、糖

做法

1. 明虾洗净，剪去须和虾刺，用剪刀在背部剪开，挑出肠泥。
2. 明虾用半汤匙料酒、2汤匙番茄酱、半汤匙蚝油、1汤匙生抽和一点糖拌匀腌制10分钟。
3. 在微波容器中放入1汤匙食用油，放入葱、姜丝。
4. 放入微波炉高火加热1分钟。
5. 把腌制好的虾平铺入内，把碗中剩下的调味酱料也倒在虾表面。
6. 盖上盖子放入微波炉，高火加热两分半钟，取出后拌匀撒香菜即可。

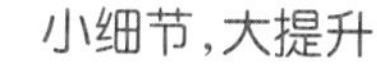

小细节，大提升

❶ 虾要开背，这样比较容易入味。

❷ 要选择颜色淡一点的生抽，这样做出来的虾才会红亮、好看。

❸ 各家微波炉功率不同，我家微波炉功率是700W的，请根据自家微波炉功率来调整烹饪时间。

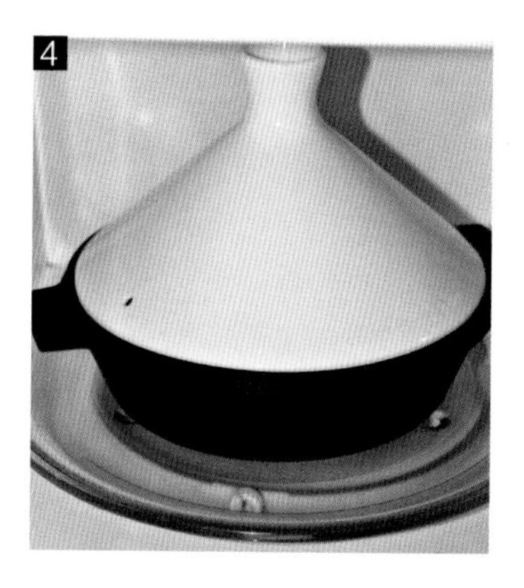

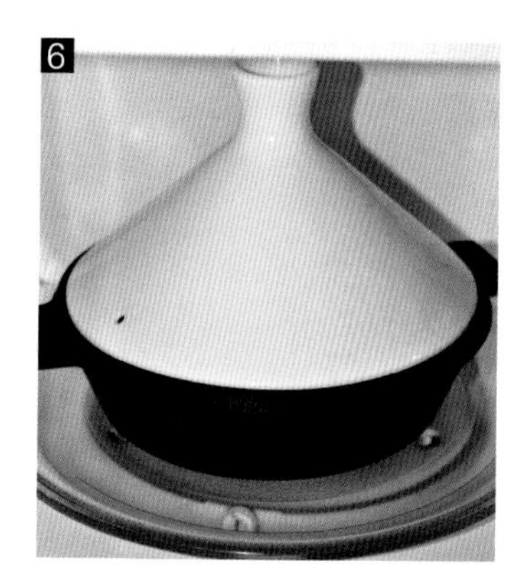

椒盐皮皮虾

吃皮皮虾最好的季节是每年的四五月份，这时候的皮皮虾又壮又肥还有膏，吃起来特别过瘾。而皮皮虾最经典最受欢迎的做法就是简单又好吃的椒盐皮皮虾了。过油再经过椒盐的调味，皮皮虾变得外脆里嫩，不由自主地剥了一个又一个，很快一盘皮皮虾就吃光了，似乎还没吃过瘾，让人吮指回味。

吮指回味的经典

材料 皮皮虾、青椒、红椒

调料 椒盐粉

做法
1. 皮皮虾刷洗干净，用厨房纸吸干表面水分（一定要吸干哦！否则等下油炸时有可能会爆锅）。
2. 青椒、红椒洗净，去蒂、去籽切成小丁。
3. 锅中放稍多油，待油热后把弄干水分的皮皮虾放入油锅中，大火炸3～5分钟，至虾壳有脆感。
4. 倒出炸虾的油，锅中留底油，煸香青、红椒丁。
5. 倒入炸好的皮皮虾，翻炒几下。
6. 撒适量椒盐粉，翻炒均匀即可出锅。

小细节，大提升

❶ 虾入锅油炸前一定要弄干，否则入油锅后会爆锅。

❷ 用手抓椒盐粉往锅里撒会比较均匀，不要一股脑儿往锅里倒哦！

❸ 家里炸虾，不可能像饭店那样起大油锅，炸的时候可以少放点油，把虾分次炸。炸过虾的油，可以过滤后用来炒蔬菜，没有异味，放心使用。

1

2

3

4

5

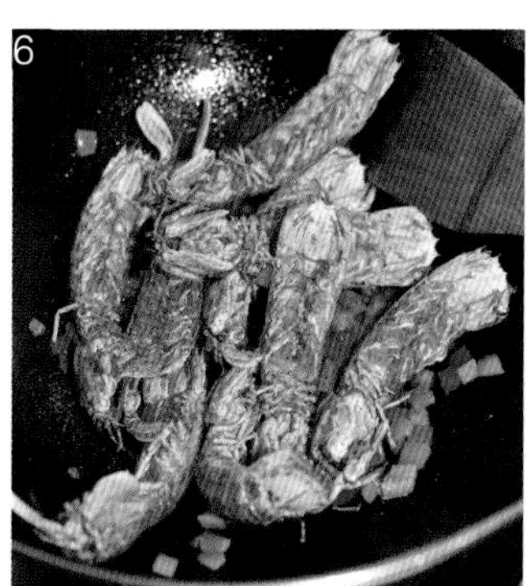
6

啫啫三文鱼头煲

很多人都有一个共识，鱼头比鱼肉好吃，看它们的价格就知道啦，菜场里大鱼头的价格基本是鱼身的一倍呢！而三文鱼头一般家庭很少做，问了好多人，并不是不喜欢吃，而是不会做。于是我试着用做啫啫鸡翅的方法做了三文鱼头，如我所想，效果非常惊艳。用了几种酱料做出来的三文鱼头煲，味道超级棒。鱼头上肉不多，但是三文鱼的皮较厚，煮熟后能吃到很多胶质，而真正的美味就是这个胶质。

好吃不在肉

材料 三文鱼头半个、大蒜1根

腌料 料酒、蚝油、淀粉

调料 沙茶酱、海鲜酱、料酒

做法
1. 三文鱼头切块，用1汤匙料酒和1汤匙蚝油腌制20分钟备用。大蒜白色部分切片，绿色叶子部分切段。
2. 腌制好的鱼头块每块都在淀粉里滚一下，再抖去表面多余的淀粉。
3. 锅中放油烧热，放入鱼头块煎。
4. 煎至两面金黄，盛出。
5. 用锅中底油爆香大蒜。
6. 加入煎好的鱼头块，加点料酒，加1汤匙海鲜酱、1汤匙沙茶酱，倒入少许水一起煮开。
7. 沙锅烧热，把炒锅中的鱼头转入沙锅，盖上盖子煮10分钟。
8. 开盖撒大蒜叶，再加盖焖1分钟即可出锅。

小细节，大提升

1. 三文鱼煎的时候本身会出一些油，所以煎鱼的时候油可以少放点。
2. 如果嫌换沙锅麻烦，可以直接在炒锅里煮10分钟，不过味道肯定是放沙锅炖的好吃哦！
3. 海鲜酱、沙茶酱以及蚝油都是有咸味和鲜味的，所以不用再另外加盐和鸡精了。

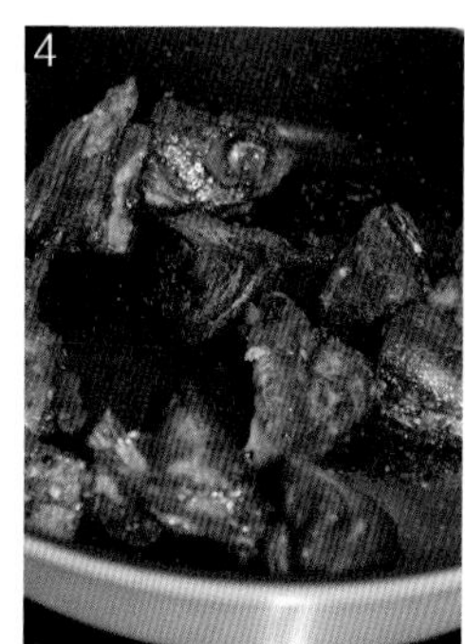

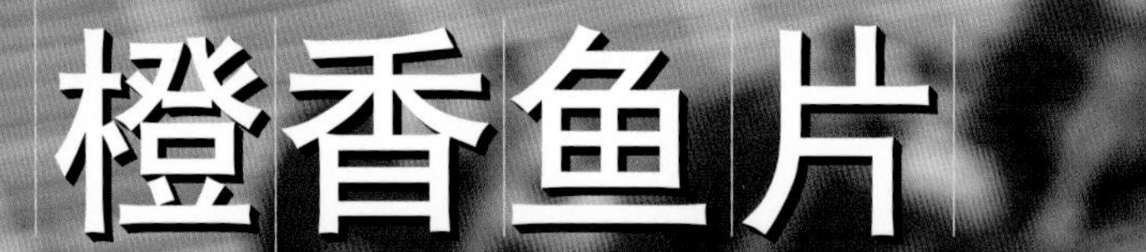

橙香鱼片

江浙一带，鱼米之乡，有着得天独厚的地理优势，靠着江又傍着海，多的是河鱼、江鱼和海鱼，所以这一带的人都爱吃鱼。酒店里的西湖醋鱼、宋嫂鱼羹、葱烤鲫鱼是游客们的必点名菜。而在平日家庭餐桌上，更受欢迎的做法是清蒸鲈鱼、干煎带鱼、红烧鱼这一类。

当这些做法都吃厌的时候，不妨换个口味来做鱼，用新鲜的水果入菜，搭配上炸得香香的鱼片，酸甜的口味，一定会让你胃口大开。

吃鱼，换个口味！

材料 鱼片250克、鸡蛋2个、橙子2个、炸粉少许

调料 盐、料酒、胡椒粉、糖

做法

1. 鱼片用半茶匙盐、1茶匙料酒、少量胡椒粉依次抓捏均匀，腌制。
2. 把鸡蛋的蛋黄和蛋清分开。
3. 蛋黄打散加上炸粉调成面糊。倒入腌制好的鱼片中，拌匀。
4. 起个稍大的油锅，把鱼片分次放锅里炸熟。待表面呈金黄色时捞出沥油，装盘。
5. 取一个鲜橙挤出橙汁。往橙汁里加点糖，然后和生粉水煮成芡汁，淋在鱼片上。
6. 把剩下的蛋白用慢火炒成雪花状放在鱼片上，把另一个橙子切片，装饰盘边。

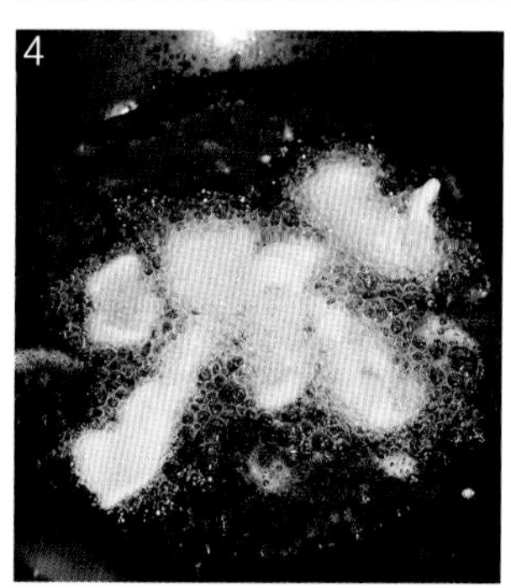

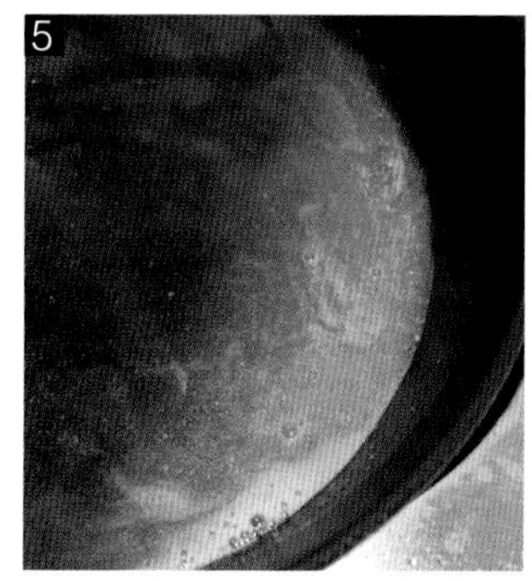

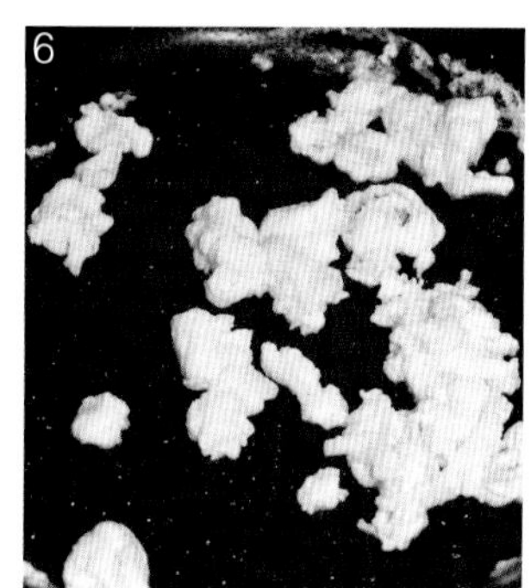

小细节，大提升

① 可以在菜场买鱼的时候让摊主给片好鱼片。我这里用的是黑鱼片，刺比较少，很适合用来做这道菜。

② 鱼片裹上炸粉糊后，应分次下油锅炸，这样就不用起很大的油锅了。

③ 橙汁勾芡不要太厚，稍微有点儿稠度就好，这样浇在刚炸好的鱼片上，热的鱼片会把橙汁的味道吸收进去。

④ 这道菜做好应该马上吃，冷了鱼片完全吸收了橙汁，会变软，口感就不好了。

美味烤鱿鱼

烧烤，孩子们都比较爱吃，但也是我最不放心让孩子在外面吃的食物。其实在家自己做烧烤也很容易，只需要准备一些酱料，切一切，腌一腌，再放入烤箱烤一烤，香喷喷的烧烤就出炉了。味道一点都不比外面卖的差，还不必担心食材是否新鲜，会不会有添加剂，所有食材和烹饪环节都掌握在自己手里，这样，就可以放心大胆地吃了。

轻松自制人气烧烤

材料 鱿鱼3条、姜、蒜、葱

腌料 叉烧酱2汤匙、老抽半汤匙、料酒1汤匙、糖、白胡椒粉

做法
1. 鱿鱼清理干净，每条鱿鱼竖向切成三条，鱿鱼须切开。
2. 所有的调味料拌匀成腌料。
3. 腌料中放入切好的鱿鱼拌匀腌制1～2个小时。
4. 提前用水泡透竹签（半小时）。
5. 把腌制好的鱿鱼条用牙签穿起来。
6. 烤箱预热220℃。烤盘铺上锡纸，锡纸上刷层食用油，将穿好的鱿鱼排在锡纸上，放入烤箱烤20分钟，中途刷一次腌制鱿鱼时剩余的调味汁，待颜色烤成金黄色，撒上白芝麻继续烤5分钟即可。

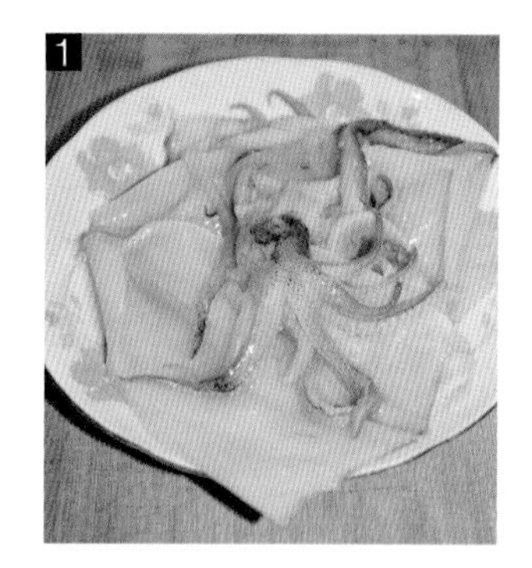

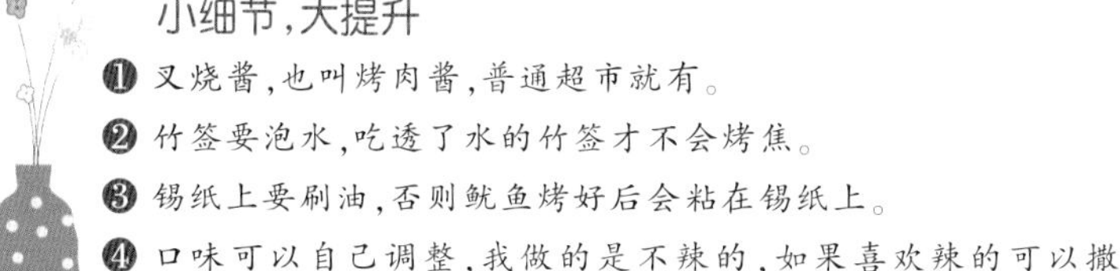

小细节，大提升

❶ 叉烧酱，也叫烤肉酱，普通超市就有。
❷ 竹签要泡水，吃透了水的竹签才不会烤焦。
❸ 锡纸上要刷油，否则鱿鱼烤好后会粘在锡纸上。
❹ 口味可以自己调整，我做的是不辣的，如果喜欢辣的可以撒上辣椒粉或者孜然粉烤。烤的过程中也可以刷层蜂蜜或者刷层油。

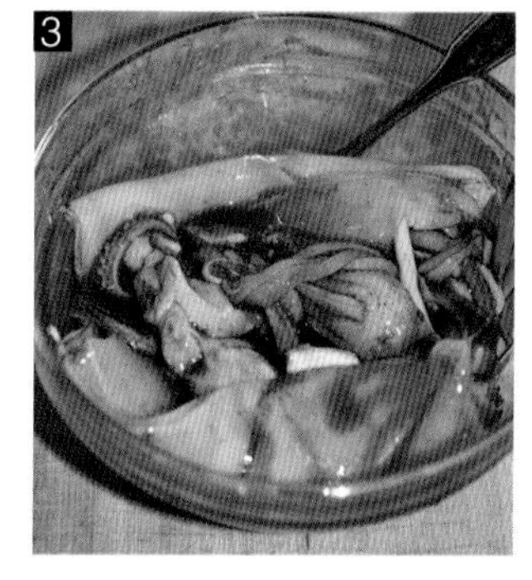

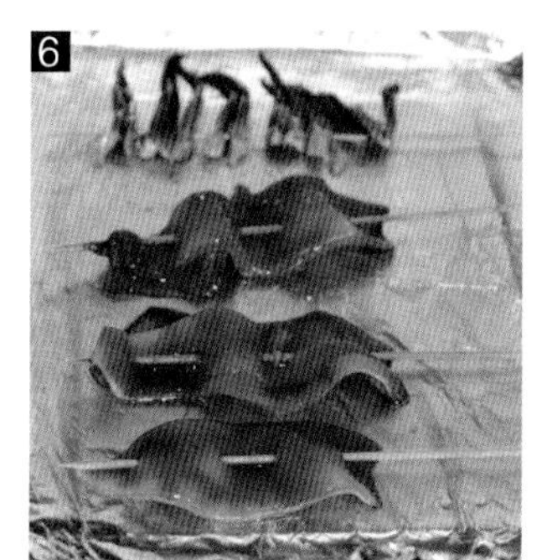

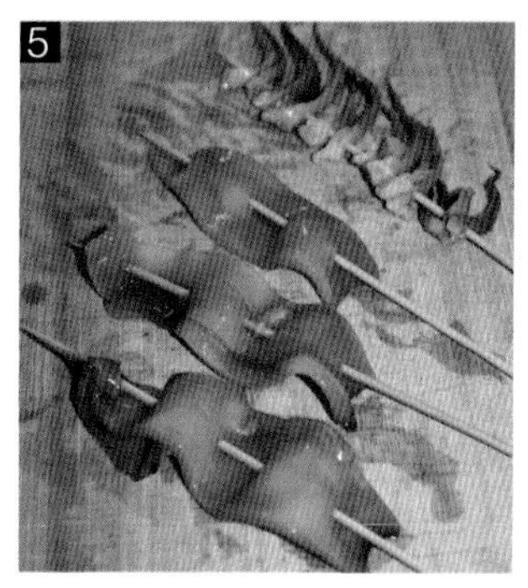

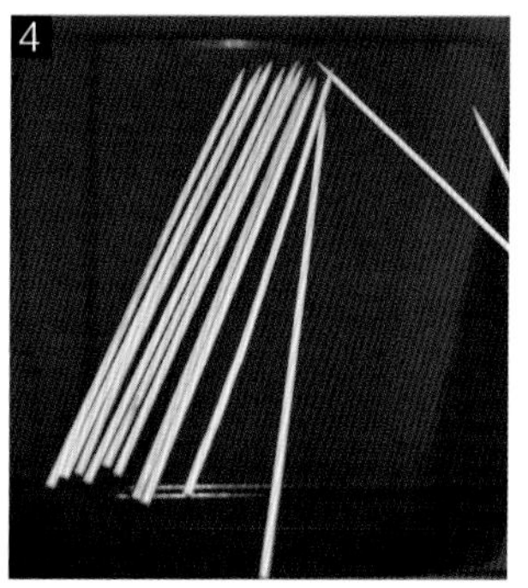

醉湖蟹

杭州人最喜欢吃醉湖蟹。年夜饭桌上，它可以成为一道非常具有杭州本地特色的冷菜。生的，但是别怕，如果你能鼓起勇气尝一口，一定会爱上的，非常美味。醉湖蟹和咸呛蟹都是生吃的蟹，一种是用湖蟹做的，一种是用梭子蟹做的。和走咸味路线的咸呛蟹不同，醉湖蟹走的是偏甜的路线，这也是杭州人更中意它的原因。和一般的做法不同，我在醉蟹汁中多加了一样神秘材料——红枣汤。红枣汤有一定的黏稠度，有了它的加入，醉蟹汁变得浓浓的，醉出来的湖蟹味道就更醇厚、更有味啦！

生的，你敢吃么？

材料 湖蟹4只

调料 生抽半瓶（250毫升）、老抽半瓶（250毫升）、绍兴陈年花雕半瓶（250毫升）、2汤匙高度白酒、1汤匙盐、1汤匙鸡精、1汤匙花椒、4汤匙冰糖、红枣汤250毫升

做法

1. 选母蟹（圆脐），重量在75～100克，背厚，用手捏蟹脚比较硬的，蟹看上去比较干净的，肚子比较白的。
2. 放清水里养半个小时，再用刷子仔细刷干净，重点把蟹钳绒毛中的脏东西洗干净。沥干水分待用。
3. 选一个大容器，倒入调料。拌匀调成醉蟹汁。
4. 取一个可以密封的容器，排入四只湖蟹。
5. 在蟹上面盖一个比较有分量的盘子，这样等会儿醉蟹汁倒下去的时候，它们就不会乱爬乱动了。
6. 倒入醉蟹汁，盖上盖子密封，放入冰箱，3～4天就可以拿出来吃了。

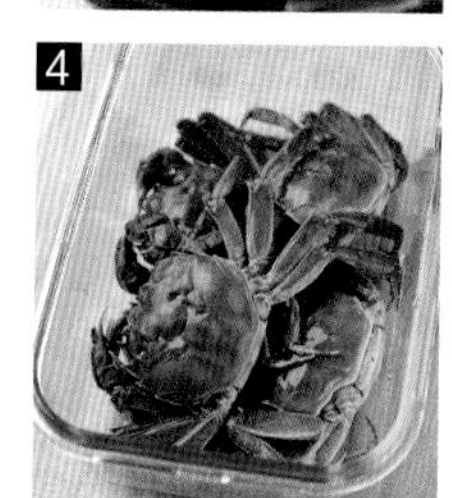

小细节，大提升

❶ 选生猛点的湖蟹，半死不活的不要用，毕竟是要生吃的。

❷ 材料中的红枣汤要事先煮好，红枣加水煮一个半小时左右，放冰糖，感到红枣汤有些浓稠就可以了。

❸ 醉蟹汁中冰糖的量可以调整。我放了4汤匙，是有点儿偏甜的，如果不喜欢甜，可以适当减少用量。

❹ 倒入醉蟹汁前，在湖蟹上面盖个有重量的盘子或者其他东西，这样醉蟹汁倒进去，湖蟹就不会胡乱挣扎，弄得汁水乱溅了（呃，不过，我怎么感觉有活埋的意思啊……）。

❺ 醉蟹汁可以反复使用2～3次，但是注意里面不能有生水进入，否则容易变质。

❻ 醉湖蟹毕竟是生的，一次不要吃太多，免得肠胃不适应。再说不是有句老话么：少吃多滋味，多吃坏肚子。

第三章

● 就是爱吃肉

肉，似乎是每餐中必不可少的一个元素，除非你是素食主义者。不管是感观还是味觉，肉是各种食材中最能让人有满足感的。对于嗜肉一族来说，一餐中最基本的要求就是要有肉，餐桌上如果没有肉类的出现，常常会感觉这一餐似乎缺少了很重要的东西，吃得不满足。但是很多人又摇摆在吃肉和减肥之间，其实在我看来，如果喜欢吃肉，那就暂且把减肥的事情放在一边，一起来将美味的肉食做到极致，享受肉肉带给你的满足感吧！

秘制煎烧五花肉

我爱吃，更爱琢磨吃。因为喜欢韩餐里的烤五花肉，于是就想着一定要研究出一道适合家庭做法的烤五花肉吃法。用我喜欢的两种酱料：蚝油和海鲜酱，来腌制切得薄薄的五花肉片，入味后的肉片再到平底锅里，翻转两面，稍稍煎一下，把肉卷夹在新鲜的生菜叶中，一口塞进嘴里，脑海跳出一个念头：再来一份！

爱上这个味儿

材料 五花肉(去皮)250克

腌料 蚝油1汤匙、海鲜酱1汤匙、料酒1汤匙

做法

1. 五花肉放入冰箱冷冻1小时,取出切薄片。
2. 把腌料调匀成秘制腌料。
3. 把切好的五花肉片用秘制腌料拌匀后,装入保鲜袋,放入冰箱冷藏腌制一个晚上。
4. 平底锅烧热后,刷一层薄薄的色拉油。把腌制好的五花肉片用中小火两面煎熟,吃的时候用生菜叶卷着吃。

小细节,大提升

1. 稍微肥一点的五花肉比较好吃。建议去皮,因为这道菜煎的时间比较短,牙不好的人会感觉肉皮部分比较韧。
2. 将新鲜的五花肉切成均匀薄片会比较难。把五花肉放入冰箱冷冻至硬再切,会比较容易操作。
3. 腌制好的肉如果不马上吃,可以放入冰箱冷冻室保存。我经常把肉用腌料拌好后装入保鲜袋,然后直接扔进冷冻室。哪天事情多来不及买菜,拿出来解冻下,再入锅一煎就可以了。
4. 五花肉吃多了会感觉腻,建议卷在生菜中一起吃,就不会感觉腻口了。
5. 这个口味稍稍偏甜一点,比较适合江南人的口味。喜欢咸口味的可以把海鲜酱换成其他咸味酱料。

盐煎五花肉

大家来吃肉！五花肉，肥的瘦的相间，用平底锅边煎边撒点盐，煎得香香的，好吃得不得了。有次在没放尖椒前我就偷吃了锅里的盐煎五花肉，眼尖的小哲在一边旁白："我看到肉少了呃！"哈哈！不怪我，实在是太香了，没能hold住。一份好的食材，往往用最最简单的做法，更能凸显它的原汁原味。

简单出好味

材料 五花肉、大个尖椒

调料 盐、生抽

做法

1. 稍稍解冻的五花肉，用干抹布擦拭干表面水分，切成稍厚的片（厚约0.4～0.5厘米）。
2. 大个的尖椒去蒂去籽，切成小块。
3. 平底锅不放油烧热，把五花肉片排入锅中，用中小火煎。
4. 等五花肉片慢慢有油脂析出，边煎边在两面都撒上一些盐。继续煎至两面金黄。
5. 等肉片煎出大部分油脂，开始有些变硬的时候，放入尖椒，翻炒几下。
6. 待尖椒有些软的时候，倒入半汤匙生抽调味，翻炒均匀即可出锅。

小细节，大提升

❶ 做这个菜的五花肉要切片，所以我没有把冻肉完全解冻，而是在表面稍稍解冻后，就把五花肉取出，用干的抹布把肉表面水分拭干（这步很重要），然后切片。如果把肉完全解冻，肉片就很难切得漂亮整齐了。

❷ 因为五花肉片要在锅里两面煎熟，所以五花肉片不要切得太薄，否则入锅一受热，就会逼出油脂然后变得很硬。我一般切0.4～0.5厘米厚的片。

❸ 要边煎边撒盐，不要等两面都煎得金黄了再撒盐，这时候肉表面已经收紧，盐的味道进不到肉里去了。

❹ 尖椒片入锅稍微翻炒至有些软就可以出锅了。因为考虑到家里小朋友不能吃太辣，我用的是大个的尖椒。如果喜欢吃辣，可以用小尖椒来做。

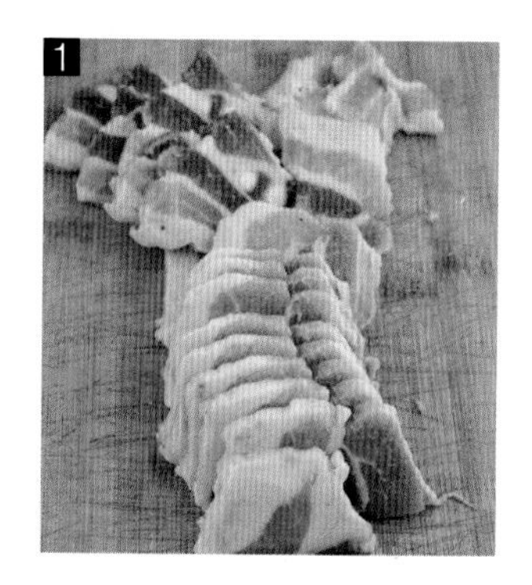
1

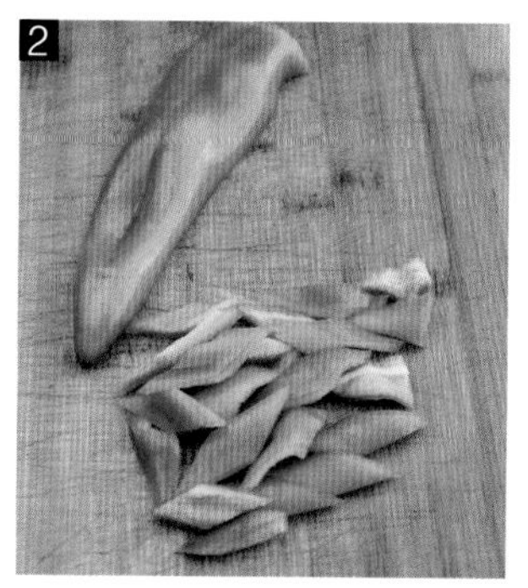
2

3

4

5

6

冻肉快速解冻并保持鲜嫩法

把冻肉放在盐水里解冻，能大大缩短解冻时间，并且还可以保持肉质的鲜嫩。这是因为盐水可以加速冰的融化，而且不会滋生细菌。我们在冬天看到环卫工人往雪地上撒盐，也是这个道理。

具体做法是：把冻肉先放在冰箱冷藏室1～2个小时，就能让冻肉变软。这是因为冷藏室的温度一般在4℃左右，可以先软化冻肉。然后再将肉放在盐水里彻底解冻。如果想更快速，也可以直接把冻肉从冷冻室拿出泡盐水。

冻肉解冻后，记得用干的抹布把肉表面的水分擦拭干净再做菜哦！

白切鸡

简单两步做出鲜香嫩滑的美味

我们一家人都狂热地喜爱着白切鸡，每次去外面吃饭都免不了要点这道菜。但是如今能把白切鸡做得肉质滑而嫩、鲜而香的餐馆，还真不多。为了找到好吃的白切鸡，有段时间我们甚至不停地换餐馆，一旦找到一家中意的我会想尽办法溜进厨房向厨师长讨教做白切鸡的要领。在寻寻觅觅中，我也不断在家里实践，失败了N次，总结了N种白切鸡做法后，终于能用最简单的办法做出骨髓鲜红、肉质鲜嫩的白切鸡了。从此再也不用满大街地找，自己在家就能轻松搞定。把我的独门秘笈拿出来和你一起分享，如果你也有做白切鸡的秘笈，记得一定要分享给我哦！

材料 三黄鸡1只(重量1千克左右，不要超过1.25千克)、姜片、葱结

调料 生抽、糖、麻油(麻油量要稍微多一点)、少量鸡精调匀即可，喜欢吃蒜的可以加点蒜泥

做法

1. 鸡处理干净，冷水下锅，水没过鸡，放料酒、姜片、葱结。
2. 大火煮开后转小火继续煮2分钟，关火。不要开盖子，让鸡在汤中继续浸泡半小时，让锅中的余温把鸡泡熟。自然冷却后捞出，在鸡表面均匀地刷上麻油，切块上桌。

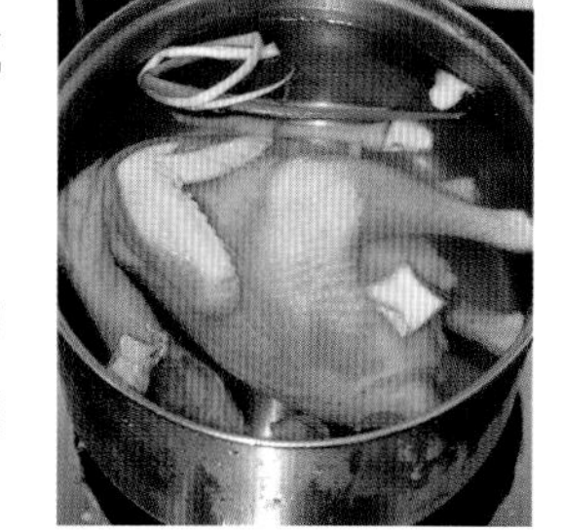

小细节，大提升

1. 做白切鸡的首选应该是嫩三黄鸡，土鸡虽好，但不适合做白切鸡，更适合炖汤。
2. 记得在煮鸡的整个过程中都不要开盖子，后面半个小时的浸泡很重要，其实鸡就是在这个浸的过程中由生变熟的。
3. 一次吃不完的鸡，记得要泡在鸡汤中，吃的时候再从汤汁中取出切件。这样才能保持鸡肉中的水分不流失，才会有嫩的口感。
4. 如果想要鸡皮有脆的口感，鸡熟了以后要在冰水中降温，鸡皮吃起来才会有脆的口感。

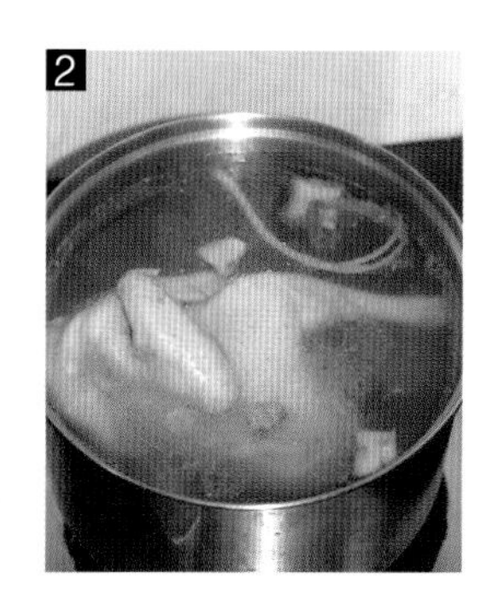

豉汁蒸排骨

广式早茶中最受欢迎的茶点

豉汁蒸排骨是广式餐厅里一道常见的茶点。虽说是茶点，却能满足人对于肉的渴望。端上桌掀开蒸笼，让爱肉之人眼前一亮！我每次去都感觉吃不够，于是又开始发挥吃货风格，寻思着要在家按照自己口味来炮制了。做这道菜的时候是寒冷的冬天，想着让它的味道能更给力点，就放了些剁椒。寒冷的天气，吃这样又鲜又嫩又辣的肉菜，感觉很给力！

材料 肋排300克

腌料 料酒、姜丝

调料 李锦记风味豆豉酱、蚝油、淀粉、剁椒

做法

1. 肋排洗净切小块沥干水分，用一茶匙料酒和一点姜丝拌匀腌制5分钟。
2. 放1汤匙李锦记的风味豆豉酱，充分拌匀。
3. 放入1.5汤匙蚝油（比豆豉酱稍多的量），充分拌匀。
4. 放1茶匙干淀粉，拌匀，让淀粉在排骨表面薄薄地裹上一层即可。
5. 全部调料和排骨拌匀后，装入盘或者碗中。在最上面放上一勺剁椒。
6. 入锅，大火，水开后蒸15分钟左右即可。

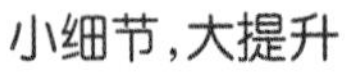

小细节，大提升

❶ 所有调料的量只供参考，请根据实际情况调整。

❷ 我试过用李锦记的风味豆豉酱和老干妈的豆豉酱做这道菜，发现还是用风味豆豉酱最好吃。

蒸出鲜嫩排骨的诀窍

- 排骨的选料上，要选肥瘦相间的排骨，不能选全部是瘦肉的，否则肉中没有油分，蒸出来的排骨会比较柴。
- 所有调味料拌匀后，最后一步用少少的干淀粉拌匀，在排骨表面形成一层薄薄的糊，这样蒸的过程中，能很好地保持排骨内部的水分，排骨就会比较嫩。
- 豆豉酱中有油分，油包裹在排骨表面也能起到和淀粉包裹一样的效果。

选一块合适的排骨，经过油分和淀粉的两道包裹，这排骨一定是嫩嫩的，不信你试试。

排骨肥瘦相间

调味后加少许淀粉

用油分裹住排骨

油面筋塞肉

这个菜是陪伴我长大的一个经典家常菜。小时候，我们家的餐桌上时不时地就会有这个菜，记得只要有油面筋塞肉，这顿饭我准保吃得超好。油面筋是我家乡的特产之一，把鲜香的肉馅包裹在里面，油面筋会吸饱肉的鲜汁，让你忍不住要多吃一个。对于我来说，油面筋塞肉，是一道满载着小时候记忆的菜……

老底子的经典家常菜

材料 油面筋8个、猪肉馅、葱、姜

调料 盐、料酒、糖、老抽、生抽、淀粉

做法

1. 猪肉馅加盐、料酒、淀粉、一点点老抽和葱、姜末，用筷子往一个方向搅拌，打上劲。
2. 油面筋用筷子捅个洞（小心点，别捅穿），然后用筷子轻轻在里面搅一下，让面筋里面留出空间。
3. 把调好的肉馅用筷子一点点塞进油面筋里，尽量塞紧。
4. 把所有油面筋都塞好肉馅。
5. 锅中放入塞好肉的油面筋，倒入一小碗冷水，加点老抽和糖，大火煮开，转中火煮10分钟左右。
6. 这时候锅中汤汁渐渐变少，加点鸡精调好味，转大火把汤汁收浓撒上葱花即可。

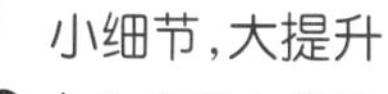

❶ 在油面筋上挖洞的时候不要太大力，力气大了把油面筋捅穿的话，肉馅会漏出来的。洞开好后要在面筋内部捣一捣，给肉馅留出空间。如果觉得筷子挖洞比较费事，那么直接用手好了，会比较容易控制。

❷ 煮油面筋塞肉的汤里要加点糖，味道才会好。

1

2

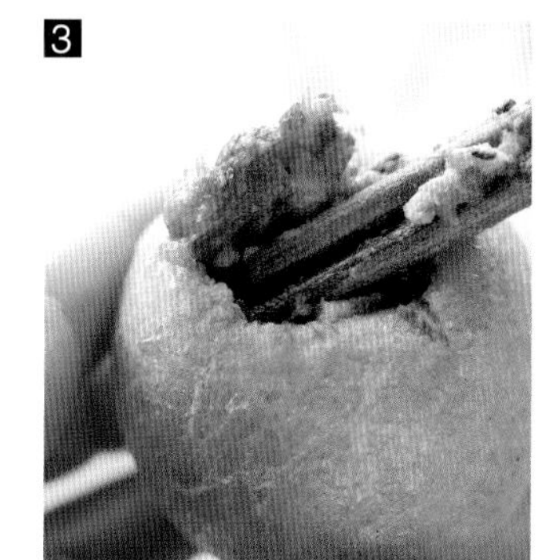
3

4

5

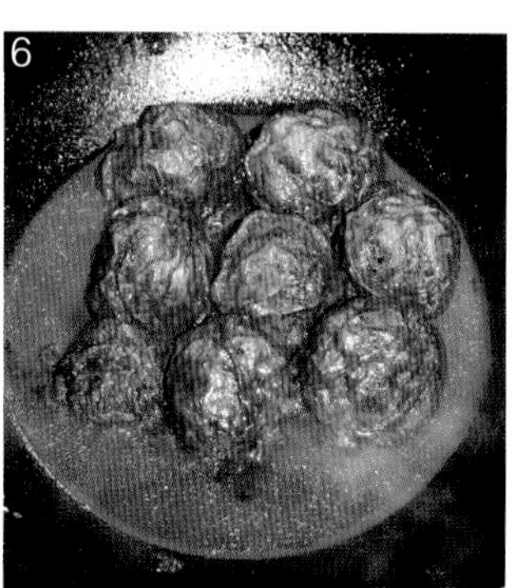
6

板栗红烧肉

板栗，很能代表秋天的食物。每当满大街的空气中飘散着糖炒栗子的香气，我就知道，秋天来了！而秋天我最爱的一道菜，就是用板栗来搭配红烧肉，板栗可以吸收红烧肉多余的油脂，红烧肉中又能融入板栗的香味。这样一道秋天餐桌上的肉菜，承载着多少肉食主义者的期盼！

秋天的经典大肉菜

材料 五花肉500克左右、板栗20颗（去皮去壳）、葱、姜

调料 老抽、料酒、盐少量、冰糖

做法

1. 五花肉洗净拭干表面水分，切成小块，姜切片，葱切段。
2. 锅烧热，不放油，直接倒入五花肉，用中小火煸炒至肉表面上色，微微焦黄。放入姜片、葱段炒出香味儿。
3. 加入1汤匙料酒。
4. 加入2汤匙老抽（也可以加1汤匙老抽和1汤匙生抽，因为生抽比较咸，所以用了生抽后收汁的时候就不需要再加盐了）。
5. 放入一小把冰糖（约10克），不断翻炒至五花肉上色。
6. 倒入足量水（用普通炒菜锅煮的话，水量至少要和肉齐平或者没过肉）。
7. 倒入栗子，中大火煮开。
8. 转小火加盖焖煮40分钟左右，至五花肉熟透。开盖按个人口味加盐调味，转中火把锅中汤汁收浓即可。

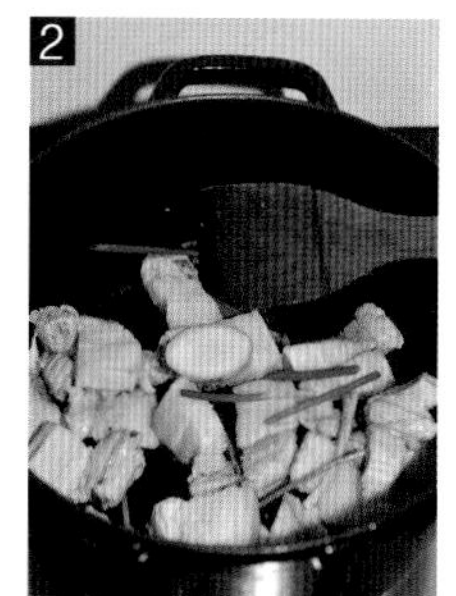

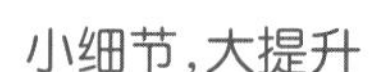

❶ 做红烧肉时，用冰糖代替白糖会让肉显得红亮，色泽诱人。

❷ 上面是简版红烧肉做法，不需要炒糖色，也不需要事先把肉焯水。把五花肉直接入锅炒至微微焦黄出油，这样肉会更容易上色，并且吃起来不油腻。关于焯水，我一直认为在炒排骨、做五花肉时，直接把肉入锅炒会更鲜美，焯水反而会流失部分营养和鲜味。

❸ 我没有放桂皮、八角等香料，是因为用的五花肉品质不错，不需要再放大料来去腥增香了，感觉不放大料更能体现出肉本身的香味。当然这得按照个人习惯，如果喜欢，你还是放桂皮和八角一起焖吧！

蚝油香菇鸡翅

香菇于我，是一样非常有好感的食材，它味道鲜美、香气沁人。印象最深刻的是有一次在年夜餐桌上吃到的红烧香菇，一端上桌就闻到了香菇散发出来的那种让人不由自主产生好感的特有香味，夹起一块，一口咬下去的瞬间，汁水从那肥厚的菇肉中溢出，美好的味道在齿间流连。后来很长一段时间，我都相当怀念那碗红烧香菇。而今我把对香菇的好感，淋漓尽致地发挥到烹饪中，每当做到红烧的肉禽菜时，首先想到的就是用它来搭配。每到冬天，就会想要吃这样看上去暖暖的，吃到嘴里又很实在的暖冬硬菜。

最适合降温天吃的暖冬硬菜

材料 鸡翅中10个、干香菇10朵、葱、姜

调料 料酒、蚝油、老抽、生抽、冰糖

做法

1. 干香菇提前用温水泡软洗净，姜切片、葱切段备用。鸡翅中洗净（用剪刀剪去两边的皮和脂肪），切成2段备用。锅内放少许油烧热，放入鸡翅煎炒至微微焦黄。
2. 放入姜片、葱花炒香，再加入泡软挤干的香菇，爆炒出香味。
3. 倒入1汤匙料酒翻炒均匀后，加入2汤匙蚝油。
4. 加入半汤匙老抽。
5. 加入半汤匙生抽。
6. 加入三小颗冰糖。
7. 倒入泡香菇的水（注意不要倒入碗底的杂质），再加适量清水至和鸡翅齐平。
8. 大火煮开后，转小火盖上锅盖焖煮约30分钟，至鸡翅酥烂，最后开盖把汤汁收至浓稠即可。

小细节，大提升

❶ 鸡翅洗净后，建议把鸡翅两边展开的皮剪掉，这部分包含了鸡翅大部分的皮下脂肪。

❷ 鸡翅中剁成小块，会比较容易入味。

❸ 泡香菇的水不要倒掉，上面干净的那部分水可以加进去煮，有香菇的香味。

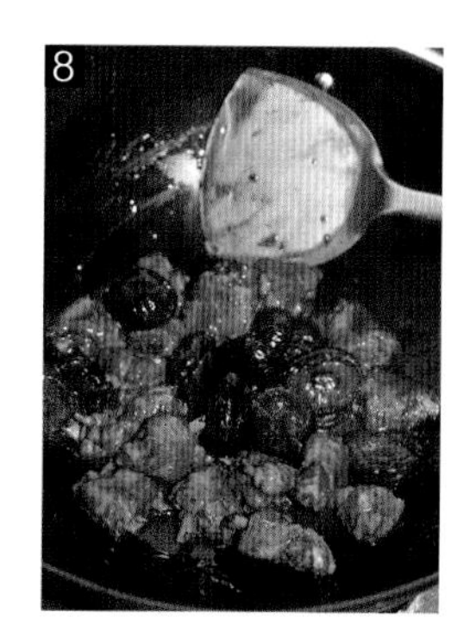

菠萝鸡丁

看着美，闻着香，吃着甜——这就是水果的魅力。而水果的吃法可不光是直接吃或者榨果汁，做菜的时候也可以让水果来当家。菠萝独特的酸甜、清香一定会颠覆鸡肉的传统味觉感受，让你感觉到，原来鸡肉也可以这样的小清新。菠萝中含有的菠萝酶，对于肉类不但有嫩化作用，而且能开胃，还能充分补充维生素C，不但对健康有益，还能让人食欲大增。

水果入菜更美味

材料 鸡胸肉250克、新鲜菠萝半个、蛋清1/4个、葱、姜

调料 香油、盐、料酒、鸡精、淀粉

做法
1. 将菠萝洗净切去当中硬芯，用淡盐水浸泡10分钟。
2. 菠萝沥干水分切成小丁。葱姜洗净，葱切成段，姜切成片。
3. 鸡胸肉洗净，切掉筋和肉上的白膜，用刀背拍松。将鸡胸肉切成1厘米见方的丁。
4. 用料酒、蛋清、少量淀粉抓捏均匀，最后再放1茶匙食用油拌匀，以避免炒制的时候粘连，静置腌制20分钟。
5. 锅内放油，烧热后放入姜片、葱段，爆出香味后捞出扔掉。
6. 关火让锅中油温稍降，降到温油状态后倒入腌制好的鸡丁，翻炒片刻至表面发白，倒入少量料酒炒匀。
7. 倒入菠萝丁，放少量盐和鸡精调味。
8. 最后倒入水淀粉，勾个薄芡即可出锅。

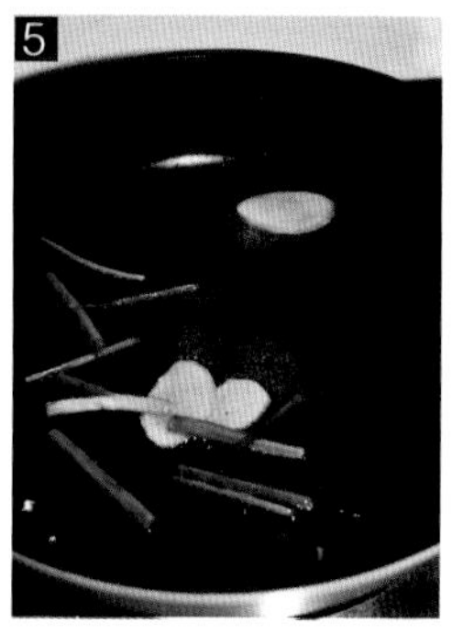

小细节，大提升

❶ 腌制鸡丁的时候，蛋清的量要少，用手抓至蛋清完全被鸡肉吸收(发黏即可)。蛋清放多了的话会感觉炒出来的鸡丁表面不干净。

❷ 菠萝中有一种“菠萝酶”，这种菠萝蛋白酶能将肉类蛋白质的大分子蛋白质水解为易吸收的小分子多肽，对于肉类有嫩化作用。

私家烧鸡腿肉

朋友送了我一瓶秘制红烧汁，用这瓶红烧汁做的肉，非常好吃。于是我仔细研究了配料表，调配了几次后，终于调出一碗属于自己的私家秘制腌料。最特别之处是加了一小勺苹果泥，正是这一勺平时做菜都不会想要用的水果泥，让整个菜的味道变得特别又有些神秘。

用一碗秘制腌料秒杀你的味蕾

材料 鸡腿4个、姜3片

调料 生抽、米醋、糖、料酒、盐一点点、苹果一小块擦成泥、蒜泥（一粒蒜头的量）、芝麻油一小勺

做法

1. 一小块苹果去皮用擦蓉器擦成泥。
2. 一小颗蒜头也擦成蒜泥。
3. 拆好的整块鸡腿肉用刀背拍松，然后切成小块（我是把整块鸡腿肉切成三四块）。
4. 用生抽2汤匙、米醋1汤匙、糖半汤匙、料酒半汤匙、盐一点点、苹果泥一小勺、蒜泥一小勺、芝麻油一茶匙腌制鸡腿肉，用手抓捏一会儿，然后静置腌制2小时。
5. 锅烧热，放油，待油热后放姜片爆香。
6. 把腌制好的鸡腿肉一块块夹入锅中，煸炒至表面变色收紧。
7. 倒入腌制鸡腿肉的腌汁，再倒入小半碗水，盖上盖子大火煮开后，转中小火煮10分钟左右。
8. 开盖转大火收浓汤汁，撒上葱花即可出锅。

小细节，大提升

❶ 如果家里没有擦蓉器，也可以用纯苹果汁代替秘制腌料中的苹果泥。

❷ 煮鸡腿肉的时间不要太久。受热太久，肉会收缩，水分会流失太多，口感就老了。

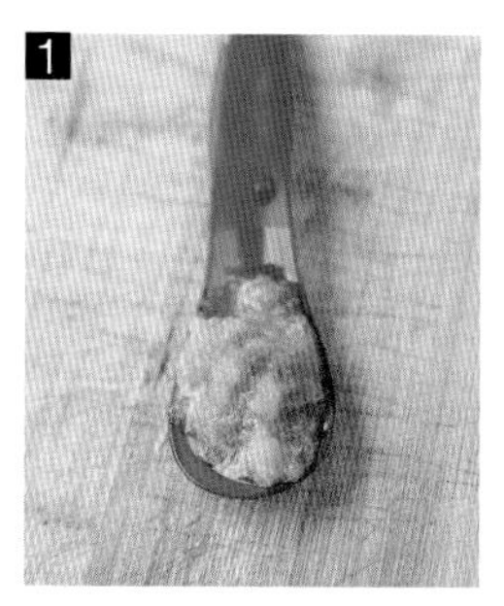

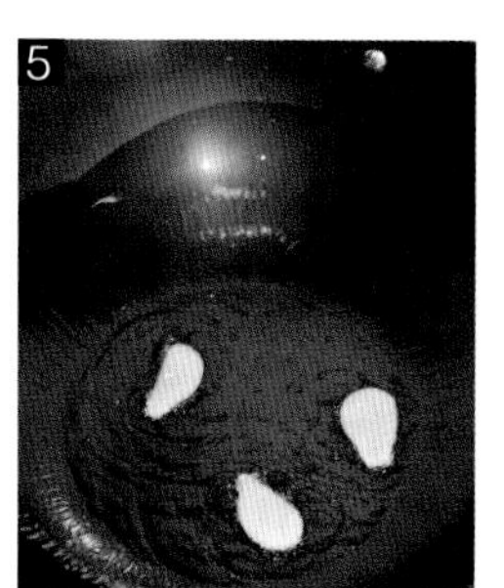

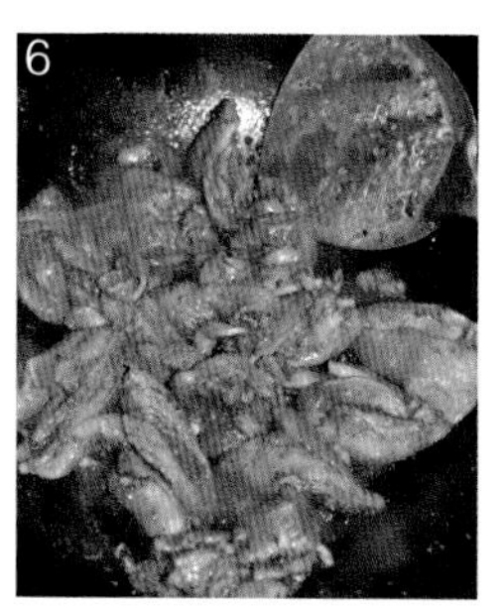

用剪刀轻松给鸡腿拆骨

1 用剪刀在鸡腿根部剪开，然后直地往上剪到底。

2 用剪刀辅助，把鸡腿肉往两边分开，使之与腿骨分离。

3 用剪刀沿着腿骨把腿肉和骨头分开。

4 最后把腿骨剔除，剩下整块的鸡腿肉备用。

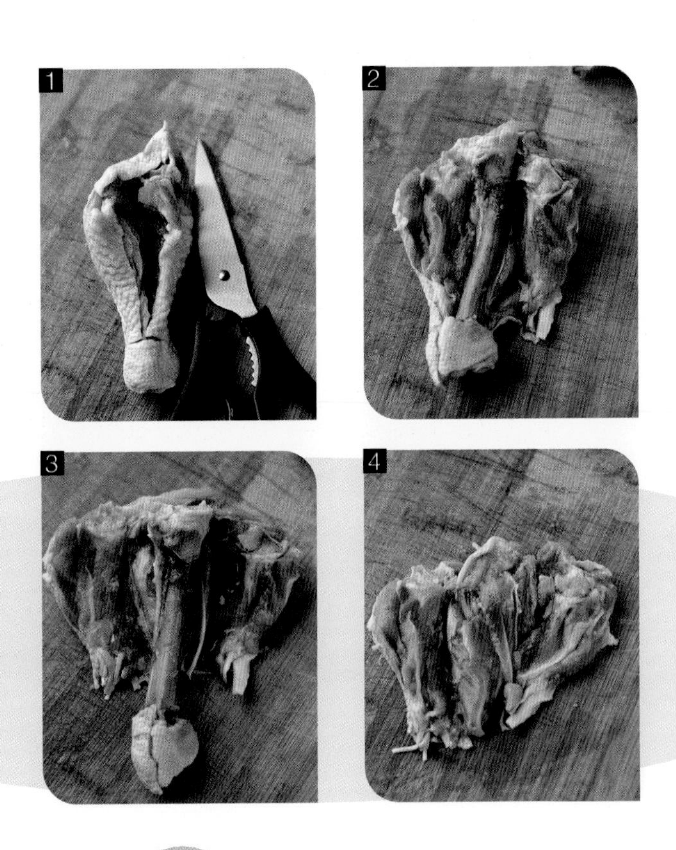

巧用平底锅做烤菜

这道菜完全是偷懒偶得的意外惊喜。因为懒得开烤箱，所以突发奇想，把食材处理好后，用锡纸一包，用平底锅一烤，居然也成了一道美味。最后一懒懒倒底，连装盘都省了，直接把平底锅端上桌开吃。入厨的快乐也源于此，经常会因为一个突发的念头，成就一道好吃的菜，多有乐趣和成就感！

烤里脊

材料 猪里脊肉150克、西葫芦半根、小番茄5个、熟白芝麻

调料 蚝油、生抽、料酒、黑胡椒粉、橄榄油

做法

1. 里脊肉切1厘米左右的片。用1汤匙蚝油、半汤匙料酒、黑胡椒粉拌匀后，用半汤匙橄榄油拌匀腌制5分钟。
2. 西葫芦刷洗干净，连皮对半切开，再切成薄片，小番茄洗净对半开。用1茶匙生抽、半茶匙黑胡椒粉和半茶匙橄榄油拌匀。把拌好的蔬菜平铺在锡纸亚光的一面。
3. 把腌制好的里脊肉平铺在蔬菜上，把锡纸对角盖起来，包好（注意锡纸包内食材要保持平铺状态）。
4. 放入平底锅，加盖，中火，加热6分钟左右，打开锡纸包撒上白芝麻即可（注意烫手）。

小细节，大提升

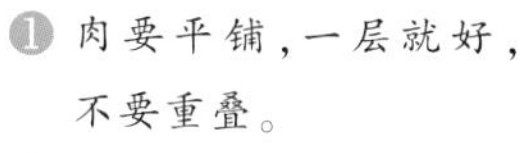

1. 肉要平铺，一层就好，不要重叠。
2. 食物要放在锡纸亚光的一面。
3. 平底锅锅底面积比较大，受热均匀，比较适合做这样的烤菜。
4. 火不要开太大，否则锅子烧坏了我可不赔你锅子哦！

1

2

3

4

豆豉花菇鸡

一直觉得香菇和鸡是天造地设的一对，香菇能把鸡肉的鲜香衬托得美妙无比，而鸡肉又能把自己的鲜味带给香菇，这两种食材搭配在一起，真的就是天生绝配。特别喜欢每次拆开花菇袋子时那股扑鼻而来的自然清香，以致每次泡发花菇时，我都喜欢时不时地去厨房转一下，吸吸鼻子，只为台面上那只大碗中飘出的阵阵香味……煲一锅汤，炒一个菜，喝着鲜美的鸡汤，咬着厚实的花菇，感觉从嘴里到心里都满溢着"满足"两个字。

天生是绝配

材料 嫩鸡半只、干花菇5朵、干豆豉、姜、葱

调料 料酒、蚝油、糖

做法
1. 干花菇用清水冲去表面灰尘。温水浸泡1小时后，去蒂洗净，挤干，对切。鸡肉洗净剁成小块。
2. 干豆豉一小把，用清水冲洗干净，沥干水分，用刀剁几下。
3. 锅烧热，放油，下姜丝、葱段和干豆豉，煸炒出香味。
4. 倒入鸡块翻炒，至鸡肉表面变色，表皮收紧，再倒入1茶匙料酒，翻炒均匀。
5. 接着倒入花菇块，翻炒均匀，可以多炒一会儿。
6. 倒入1汤匙蚝油。
7. 倒入泡花菇的水（注意碗底会有沉淀，这个不能吃，千万别一起倒进去）。水要加到锅中食材的一半位置，如果泡花菇的水不够就再倒些清水进去。加一点糖调味。大火煮开后，转小火焖。
8. 大约焖10分钟左右，看到锅中汤汁收浓稠，撒上葱花，出锅。

小细节，大提升

1. 花菇用温水泡的话，大约1小时就可以泡发。泡之前先用清水冲去表面的灰尘。泡花菇的水不要倒掉，除去底下的沉淀物，上面清澈的部分可以用来做菜。
2. 干豆豉要用清水洗一下，然后用刀剁几下，这样能让豆豉香味在炒制过程中散发出来。
3. 因为豆豉和蚝油都有咸味，所以我没有另外加盐，口味重的人可以根据自己的口味加些盐。

泰式罗勒鸡翅

西餐中会用到很多香味植物，比如薄荷叶、紫苏、迭香、鼠尾草、百里香、罗勒……这类植物能在加热后散发特有的香气，更好地衬托出食材的味道。罗勒，又叫九层塔或者金不换，东南亚的菜中常会用到它，有消暑解毒，消食开胃的功效。金不换这个名字取得相当贴切，想想，在炎炎夏日，还有什么比打开胃口更让人有精神呢？当夏天来临，胃口不好的时候，我就会想要做这道带有异域风情的开胃菜。用了新鲜的罗勒草和鱼露，鸡翅很嫩，经过罗勒的熏陶，散发出特有的香味，吃上一口感觉回味无穷，实在让人上瘾！

异域风情的米饭杀手

材料 鸡翅8个、新鲜罗勒叶8片、大蒜、葱白、红辣椒

调料 鱼露、老抽、糖

做法

1. 大蒜和葱白切碎，红辣椒切成圈。罗勒叶洗净。鸡翅洗净沥干，剁成小块。
2. 锅烧热，倒油，油热后加入蒜末、葱末爆香。
3. 倒入鸡翅，不断翻炒至表皮收紧变色。倒入红辣椒圈炒出味。
4. 加入1茶匙老抽。
5. 加入1.5茶匙鱼露。
6. 加入半茶匙糖。
7. 放入罗勒叶，盖上锅盖焖三四分钟。(我用的是铸铁锅，密闭性好，锁水力强，所以我做的时候没加水。用普通锅子做到这个步骤要加一点水再焖，否则会烧干的)
8. 开盖收浓汤汁即可。

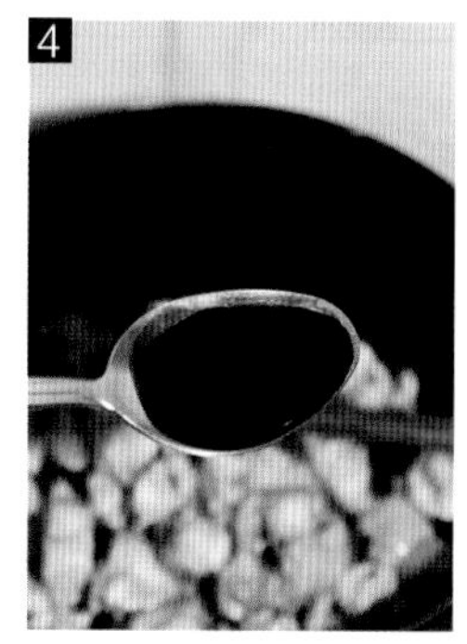

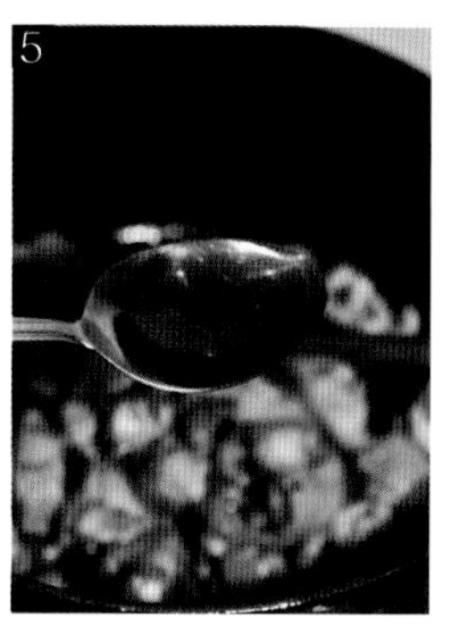

小细节，大提升

① 炒鸡翅的时候，要把鸡翅炒透，待六七成熟时再操作下一步。

② 考虑到家里的小朋友，所以我等鸡翅炒好再放入辣椒圈炒一下。喜欢吃辣的人可在炒菜开始就把辣椒圈和蒜末、葱末一起入锅爆香再下鸡翅炒。

③ 调味料中的鱼露比较咸，我家口味又比较淡，所以整个菜我没放盐。大家可以按照自己口味来调整，觉得淡就稍微放点盐。

葱爆羊肉

隆冬时节，寒风阵阵。人们对温暖的渴望变得热切。羊肉滋阴补肾，冬天吃可以暖胃暖身。所以此时想要保持温暖，羊肉不失是一种好的选择。用平时吃火锅的涮羊肉片来做这道葱爆羊肉，是一种非常便捷又好吃的做法，比自己切羊肉片省事多了。爆炒的同时激发了羊肉和大葱白的香味，整个菜就一个字：香！

超级简单的羊肉做法

材料 火锅用羊肉卷300克、大葱半根(用葱白部分)、香菜一小把

调料 生抽1汤匙、糖一点点、鸡精少许

做法

1. 香菜、大葱洗净理好,香菜切成小段或者切碎,葱白斜切成片。
2. 锅中放很少量的油,烧热后倒入羊肉卷爆炒(羊肉卷烹饪前无需解冻)。
3. 看到羊肉卷开始变软,有一部分开始变色时,倒入大葱白片。
4. 快速翻炒至大葱白飘出香味,羊肉基本全部变色,倒入1汤匙生抽。
5. 再加一点点糖和鸡精翻炒均匀。
6. 撒入香菜碎,出锅。

小细节,大提升

❶ 建议用市售火锅用的羊肉卷,省事方便并且厚薄均匀,很适合爆炒。

❷ 油的量要控制好,如果羊肉卷比较肥,那么油要少放,否则待羊肉中的肥油逼出,整个菜就太油腻了(像我图中用的羊肉卷,肥的比较多,甚至可以不放油直接炒)。

❸ 用大葱的葱白部分,更香,并且大葱本身的香味可以掩盖羊肉卷可能带有的些许腥膻味。我都没放料酒,成品一点都吃不出羊肉的腥膻味,反而非常的香。

❹ 整个过程一定要用大火爆炒,大火才能激发出材料的香气。

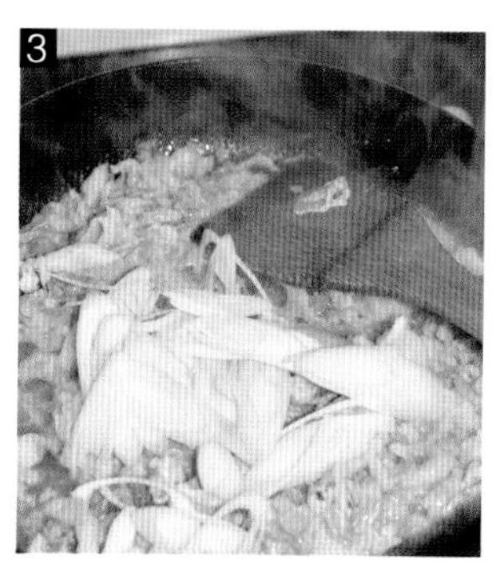

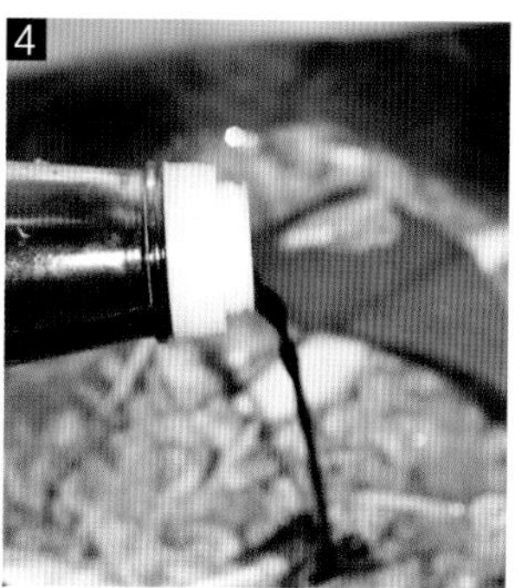

凉瓜炒牛肉

苦瓜，也有人叫它凉瓜，在我眼里它是最能代表夏天的蔬菜。用最能代表夏天的苦瓜搭配牛肉，这牛肉的味道瞬间也变得夏天了呢！

牛肉最夏天的吃法

材料 苦瓜1根、牛里脊肉200克

调料 蚝油、料酒、胡椒粉、盐

做法

1. 准备好材料。苦瓜用淡盐水浸泡后，刷洗干净备用，牛里脊肉切成约1.5厘米见方的肉丁。
2. 牛里脊肉丁中加入1茶匙蚝油和1茶匙料酒，再撒半茶匙胡椒粉，抓捏均匀后，放一边腌制备用。
3. 苦瓜对半剖开，用铁勺子挖去瓤（怕苦的可以把白色部分尽量刮除）。
4. 把苦瓜切成小方块。
5. 锅中放水烧开，加一小勺盐，滴几滴食用油。倒入苦瓜丁，焯水1分钟后，捞出冲凉备用。
6. 锅烧热，倒入食用油，热锅温油的时候，倒入腌制好的牛肉丁，翻炒至表面变色。
7. 倒入步骤5处理好的苦瓜丁，翻炒均匀。
8. 加少量盐调味即可。

小细节，大提升

1. 苦瓜内壁的白色部分是苦瓜大部分苦味的来源，所以不喜欢苦瓜苦味的，可以把白色部分尽量刮除干净，这样处理好的苦瓜苦味会减轻很多。
2. 牛里脊肉比较嫩，所以一般家庭炒制牛肉首选这部位的肉。
3. 因为前期腌制牛肉的时候放了蚝油，蚝油本身有咸味和鲜味，所以最后放调料的时候放的盐要相应减少。

XO酱炒牛肉片

我非常爱XO酱的味道，鲜香中稍带点儿辣，使得与之搭配的各种材料都变得鲜美无比。XO酱绝对可以算得上是酱料中的经典，它的吃法千变万化，既可以作为餐前或伴酒小食，又适合做中式点心、粉面、粥品及日本寿司，用它来烹制肉类、蔬菜、海鲜、豆腐、炒饭等更是经典吃法。不过在形形色色的酱料中，XO酱绝对属于"贵族"，看看它的配料表，主料是瑶柱、虾米、金华火腿，用的都是高档食材，身价自然就要比其他酱料高出一大截。某日逛超市，瞄到架子上那瓶穿着"华丽外衣"的XO酱，"牙一咬，脚一跺"，带了一瓶回家，做了这道XO酱炒牛肉片。不管搭配什么，它的味道从未让我失望过。

最经典的味道

材料 牛里脊肉300克、芦笋200克、XO酱1汤匙、大蒜2粒

调料 料酒1汤匙、老抽半汤匙、白胡椒粉半汤匙、干淀粉1汤匙、水淀粉20毫升

做法

1. 牛里脊肉用刀背拍松，逆着纹理切成薄片，加入1汤匙料酒、半汤匙老抽、半汤匙白胡椒粉，用手抓捏均匀，再放入1汤匙干淀粉抓捏均匀。
2. 再倒入1汤匙食用油拌匀，静置腌制20分钟。
3. 芦笋刷洗干净，斜切成小段。
4. 锅烧热，放3汤匙油，油温热的时候放入蒜片煸香。
5. 倒入腌制好的牛里脊肉，翻炒至表面变色立即出锅。
6. 把炒牛肉的锅子洗干净，放1汤匙油，烧热后倒入芦笋煸炒1分钟左右。
7. 倒入刚才炒好的牛肉片，放1汤匙XO酱，迅速炒匀。
8. 倒入准备好的水淀粉，勾芡出锅。

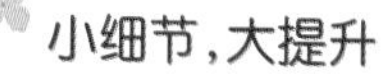

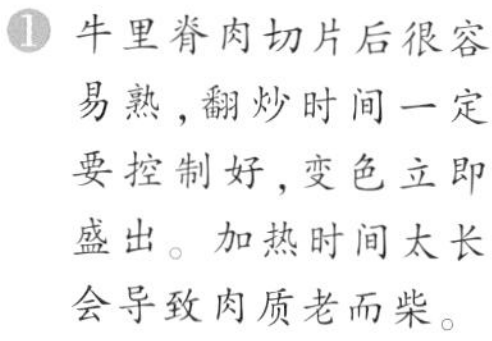

小细节，大提升

① 牛里脊肉切片后很容易熟，翻炒时间一定要控制好，变色立即盛出。加热时间太长会导致肉质老而柴。

② 炒过牛肉的锅子会有点脏，所以需要洗一下，否则接着炒芦笋会感觉芦笋表面不干净。

1

2

3

4

5

6

7

8

咖喱牛腩

在我的脑海中，每种食物带给我的感觉都不一样，吃甜点让我感觉幸福，喝鸡汤让我感觉温暖，而每当吃到牛肉，给我的感觉就是满足。当咖喱和牛肉的香味充斥着整个厨房，这浓郁的香气简直太诱人了，引诱得我真想直接在厨房就开始大快朵颐！

一道必不可少的咖喱菜

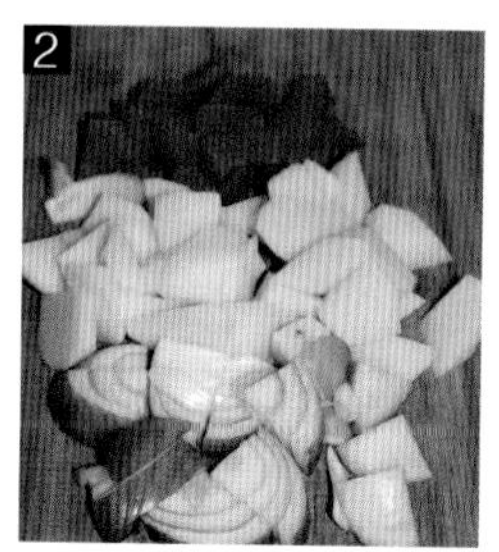

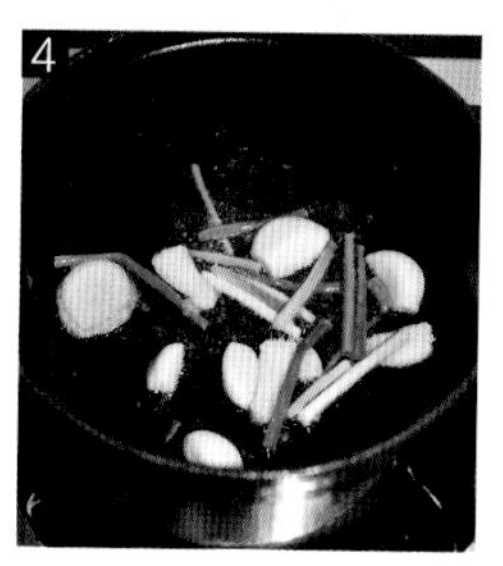

材料 牛腩500克、胡萝卜2根、土豆1个、洋葱半个、咖喱块3块、椰浆30毫升葱、姜

调料 料酒

做法

1. 牛腩切成小块，用流动的水反复冲洗干净，至无血水渗出。锅中水烧开，冷水入锅，烧开后再煮2分钟（不要盖盖子）。捞出，用水冲洗干净，沥干备用。
2. 胡萝卜、土豆洗净去皮切成小块，洋葱剥去表皮，切块。
3. 锅子烧热，倒入油，油热后倒入步骤2的蔬菜块，保持中火不断翻炒至胡萝卜和土豆表面收紧，边缘有些焦黄，盛出备用。
4. 用锅中余油爆香姜片和葱段。
5. 倒入焯水沥干的牛腩块，中大火不断翻炒2分钟左右。
6. 往锅中加入足量水，烧开，撇去浮末，加入1汤匙料酒。烧开后转小火，盖上盖子焖煮2小时。
7. 开盖，加入步骤3炒好的蔬菜块，加入3块咖喱块，搅拌煮开，加盖再焖煮10分钟。
8. 开盖，加入30毫升椰浆，搅拌均匀后，试味，如果淡可以适当加些盐，调整好味道即可出锅。

小细节，大提升

❶ 这里所用的是椰浆，不是椰奶，也不是牛奶，只有椰浆才能很好地激发出浓郁的咖喱香。椰浆我是网上买的，在一些大超市的进口食品区也能买到。

❷ 肉类焯水一般冷水入锅再煮开。牛肉血水比较多，所以需要煮3分钟，把肉中的血污煮出来。注意整个焯水过程不能加盖，让肉腥味散出，如果加盖会让散发出来的肉腥味重新煮回到肉里面去。

做咖喱菜为何要放椰浆

其实咖喱里面缺少了一种挥发性的香味，当加人椰浆后它的香气会把咖喱的香气一起带出散发到空气里面。而且加了椰浆能让汤汁显得更浓稠，口感更好。

为何用咖喱块而不用咖喱粉

本着做菜要简单的宗旨，我做咖喱菜时通常会比较中意用咖喱块而不是咖喱粉。因为咖喱块用起来比较简单，直接掰碎了放人汤汁中化开煮到和食材融合就可以了。而如果用咖喱粉，需要事先用油和洋葱一起炒过，再放食材一起煮才会好吃。而且个人觉得咖喱粉的味道比较单调，需要自己再适当加人食材和调味料调整好味道才好吃，不如用咖喱块省时方便而且能把味道调得恰到好处。当然用咖喱块或是咖喱粉只是个人偏好，仅供参考哦！

炖菜为何事先要炒

- 做炖菜的时候，因为时间比较久，如果放人蔬菜一起炖，特别是土豆这类淀粉多的蔬菜，很容易把蔬菜炖成糊糊，没有形状。像土豆、胡萝卜这些蔬菜，可以事先用油炒至半熟，表皮收紧，这样只需要出锅前15分钟左右放人炒过的蔬菜一起炖，就能保持形状，不容易煮散掉。
- 炖菜事先人油锅煸炒下，可以增加蔬菜的香味。

火锅剩料巧变身

天冷的时候，家里经常会吃火锅，于是我在冰箱里备了很多火锅材料。等到天气转暖的时候，冰箱里还剩下很多料，最多的是各种丸子，比如墨鱼丸、贡丸……天气热了，家里吃火锅剩下的料咋办？就像我这么办，把它们变成一道好吃的菜吧！

潮式双丸

材料 墨鱼丸等各色丸子、250克老干妈豆豉酱、干辣椒、葱

做法

1. 葱洗净切小段，干辣椒剪成小段。丸子解冻，用小刀在其表面割几个小口子，便于入味。
2. 锅中放两小勺油烧热，下葱段和干辣椒段煸香，再放1汤匙老干妈豆豉酱炒出香味。
3. 倒入小半碗水煮开，倒入丸子，盖上盖子焖煮3分钟左右至丸子熟。
4. 倒入水淀粉勾芡收汁，让每颗丸子都沾上豆豉酱汁即可出锅。

1

2

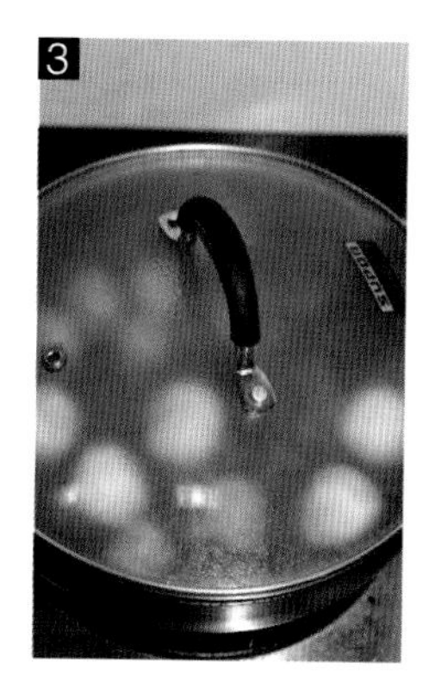

3

4

小细节，大提升

❶ 吃火锅剩下的各种丸子都可以用来做这道菜。煮前先用刀在丸子上割几个口子，这样豆豉酱的味道会比较容易进入。

❷ 老干妈豆豉酱本身有一定的咸味和鲜味，所以我没有另外放调味料。如果用其他豆豉酱，则要根据豆豉酱的味道决定是否放调味料。如果用到的豆豉酱很咸，那就需要放些糖来调整味道。

第四章

● 主食的力量最强大

主食能为我们的身体提供必需的能量，是每天不可或缺的食品之一。如果说餐桌上的菜能给你带来味觉和视觉的双重享受，那么主食就是能给我们的胃带来强大满足感的食物。包子、馒头、面条这些主食总是闪着质朴的光芒，不动神色地占据餐桌的一角，成为每日餐桌上必不可少的生力军。何况如今的主食已经摆脱原来品种、花样单一的形象，变得品种丰富、花样繁多。这里给你呈现的丰富多彩的主食，总有一样能征服你的胃。

广式腊味煲仔饭

一个人吃饭的时候，何不试试煲仔饭？一个小锅中有饭有菜，营养搭配，该有的都有了，省时、好吃，还方便。看着一煲香喷喷的饭端上桌，打开盖子，听着锅中滋啦滋啦的响声，心情也不由地愉悦几分。黏糯香软的米饭，搭配上喷香的广式腊肠，还有那让人回味无穷的调味汁，怎一个“香”字了得？吃掉整一碗似乎还意犹未尽。

有饭有菜，营养搭配

材料 广式腊肠、大米、鸡蛋、小油菜

调料 蚝油、凉开水、六月鲜生抽（或者其他鲜味生抽）、糖、香麻油

做法

1. 取一沙锅，在锅底薄薄地抹一层油。
2. 把大米洗净放入锅中，倒入水，米和水的比例为1∶1.5，浸泡1小时。
3. 在浸泡好的大米中加入半汤匙色拉油，拌匀。将锅子移至火上，大火煮开后立即转小火，盖上盖子焖煮。将米饭煮至八成熟。
4. 把腊肠切片，再切点姜丝。
5. 锅中水分快干时，在米饭表面铺上腊肠和姜丝，再打个鸡蛋进去。盖上盖子再小火煮五分钟后关火，不要开盖，继续焖15分钟。
6. 把小油菜洗净，锅中水烧开，放点盐，滴几滴油，放入小油菜烫熟。捞出沥干水分。
7. 用1汤匙蚝油、1汤匙凉开水、2汤匙六月鲜生抽、半汤匙糖、半汤匙香麻油制成调味汁，搅拌均匀。
8. 米饭焖好后开盖，排入小油菜，浇上调味汁，拌匀即可食用。

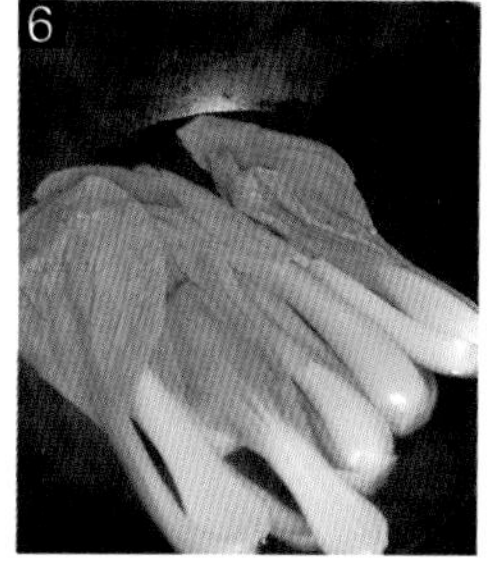

小细节，大提升

❶ 做煲仔饭的大米要先泡过，将芯泡透，这样熟得快，不会夹生或煳锅。米和水的比例要在1∶1.5左右。

❷ 煮米饭时锅中煮开立刻转小火，这样可以避免溢锅和煳锅。喜欢锅底略有些焦的人，可以适当多焖一会儿，整个过程一直保持小火。关火后不要立刻打开盖子，继续焖15分钟，这样才能把香味焖入饭中。

❸ 如果发现饭做夹生了，不要着急，在饭上均匀地浇一些水进去，再用小火焖至饭把水吸干。如果还夹生就再加一点，反复几次，饭就熟透了。

❹ 腊肠要用广式腊肠，味道正宗。

❺ 用小沙锅煲米饭的时候要经常转动锅子，这样锅内的米饭才受热均匀，不至于当中烧焦。

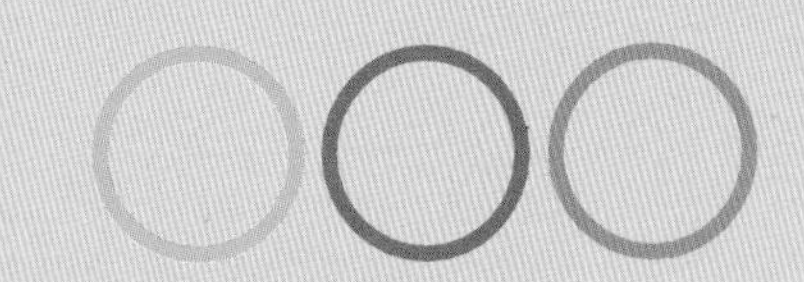

做好煲仔饭的关键

- 做煲仔饭，沙锅要在底部抹一层薄薄的油。
- 事先将米洗净后浸泡一段时间，直到泡透米芯。米和水的比例为1：1.5（这个比例很重要，关系到饭的生熟程度，太烂不好吃，夹生则根本没法吃）。
- 将米和水放入沙煲，用大火烧开。大概10分钟不到，可以看到饭开始收水，饭表面有一个个的洞出现。这个时候赶快把肉类，姜丝放进去！要快！
- 肉类和姜丝放好后，再打个蛋。盖上盖，换最小火，再煮三四分钟。后面这步很关键：关掉火，让煲仔饭焖15分钟。这个过程中不要再打开盖来看哦！这是煲仔饭最关键的时候，焖的时间不够饭就生了，而且很难再挽回了。耐心地等待15分钟后，香喷喷的煲仔饭就做好了！

这其中煮的过程十分重要，关键是控制火候，火太猛，煲里的水容易溢出，带走了浮在水面的油，煮出的饭就没有滑的口感。其次，肉的调味也很重要，如果用的是鲜肉，那么采购回来后要立即洗净、斩件，放味料腌制，然后长时间腌制，这样的肉才入味。

而选用的米最好要挑细粒、修长、带韧性、黏性不大的台山米（也可以用泰国香米），这样的米煮出的煲仔饭，吃起来米饭粒粒分明好入口。退而求其次用普通米也可以，不过口感会差一些，不同的米吃水性不一样，所以要自己略微调整一下米和水的比例。

泡菜炒饭

让韩国情调在你舌尖跳舞

相信有很多人和我一样，因为韩剧而爱上这最能代表韩国饮食文化的泡菜。火红的泡菜，仿佛炙热的爱情刺激着我们的视觉和味觉。我喜欢泡菜，更喜欢用泡菜搭配各种食材来炮制美味，而这么多种吃法中，最简单又最常做的就是泡菜炒饭了。简单的四个步骤，就能做出一碗极具韩国情调的美味炒饭，吃一口，让泡菜和米饭混合的独特味道，在你的舌尖跳舞。通常我会把这泡菜炒饭装在大点的碗里，用大的铁勺子挖着吃，好过瘾的！

材料 韩国泡菜、猪肉丝、白米饭、葱、淀粉

调料 盐

做法

1. 韩国泡菜切成细丝。猪肉丝用泡菜汁、一点点淀粉拌匀腌制。葱切葱花。
2. 热锅温油，倒入泡菜丝和腌好的猪肉丝一起中火翻炒2分钟。
3. 倒入白米饭，边翻炒边把米饭打散，炒2分钟左右，至米饭呈散开的干爽状态。
4. 加一点点盐炒匀后，撒上葱花出锅。

1

2

3

4

小细节，大提升

❶ 腌制肉丝的泡菜汁不要太多，否则入锅要炒很久才能干爽。

❷ 做炒饭用的白米饭应该是比较干爽的，所以煮饭的时候水要比平时稍微少一点，这样才能炒出颗颗散开的干爽炒饭。

❸ 泡菜和泡菜汁都是有鲜味和咸味的，所以最后只需要放少量的盐调味就可以了。

茄子炸酱面

炎热的夏天，最爱吃炸酱面了，消暑又便利。炸酱面原来是北京人夏天的当家饭，随着时间的变迁，美食也开始不分地域，各地的菜系传遍全国，南方人现在也开始喜欢起面食来。这款茄子炸酱面，让我家那个不爱茄子的小朋友，压根忘记了自己不爱吃茄子这回事，非常快速地就干掉了一碗。炒得香香的炸酱，煮得糯糯的茄子，在这个夏天，一定能打动你的胃。

最能打动胃口的消夏面食

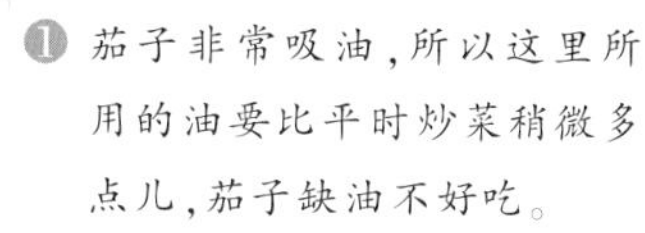

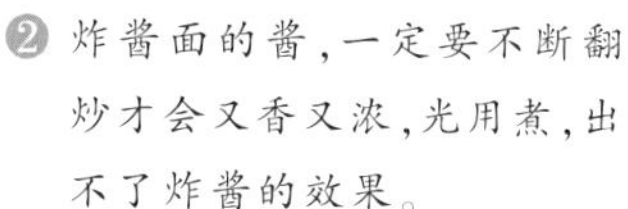

材料 猪肉末、面条、茄子、黄瓜、胡萝卜、大蒜

调料 六月香豆瓣酱、老抽、糖

做法

1. 胡萝卜去皮切成丝，焯水沥干备用。黄瓜切丝，茄子切成小丁，蒜切成蒜末。
2. 锅中放一大锅水烧开，放入面条，煮开后倒入小半碗水煮至面条熟。煮熟的面条用冷水冲凉，在凉开水中泡一会儿。
3. 锅烧热，倒入稍多点的油，倒入蒜末小火煸香。
4. 转中火倒入肉末煸炒至表面变白，散开，加点料酒炒匀后，出锅备用。
5. 倒入茄子丁，用锅中余油煸炒至茄子丁透明变软。
6. 加入两大勺六月香豆瓣酱，炒匀，倒入步骤4炒好的肉末，再炒匀。
7. 加一小碗水，加一点点老抽调色，加一点点糖调味。
8. 保持中小火不断翻炒，至锅中酱汁开始浓稠即成。把熟面条捞出沥干装入碗中，在表面排上胡萝卜丝和黄瓜丝，再浇上一大勺做好的茄子炸酱即可开动啦！

小细节，大提升

❶ 茄子非常吸油，所以这里所用的油要比平时炒菜稍微多点儿，茄子缺油不好吃。

❷ 炸酱面的酱，一定要不断翻炒才会又香又浓，光用煮，出不了炸酱的效果。

❸ 我喜欢用六月香的豆瓣酱做炸酱面，不是非常咸，直接放这一种酱就可以。如果家里没有六月香，那么可以用甜面酱和蚝油来调配，北京人是用六必居的酱来做的。

❹ 如果用的酱比较厚，那么就稍微多加点水，如果酱比较稀，可以少加点水。

❺ 步骤中加了点老抽，为的是调色，想要面条颜色淡一点的人这步可以省略。还加了点糖，为的是调味。因为感觉加了两大勺豆瓣酱，稍稍有点儿咸，所以用一点白糖来调和。

烫面千层葱香肉饼

这道烫面千层葱香肉饼是我某天的午餐。千层饼，光是看到名字就非常吸引我了，不过因为有“千层”两个字，我一直以为做法会比较复杂，但是试过后发现，只要材料准备齐全，做做挺快的。用烫面的方法做面皮，做出来的面皮比较软和，不像冷水和出来的面皮，烙好感觉有点儿干硬，对于不喜欢面饼有嚼劲的人来说，用烫面的方法做面饼是个非常好的选择。

好吃的面饼是烫出来的

材料 面粉200克、开水95毫升、猪肉末、姜末、葱

调料 老抽、盐

做法

1. 在200克面粉中加入95毫升开水，边倒边用筷子搅拌成大雪片状。待面不烫手时揉成面团，边揉边拍些凉水，揉匀备用。
2. 在猪肉末中加些老抽、盐、姜末、清水搅拌均匀。葱洗净切成葱花。
3. 把和好的面分成三份，取一份揉匀按扁，擀成长方形的薄面片。
4. 在擀好的面片上涂上调好味道的肉末（除去一条长边，另外三条边都留1厘米左右的空间不抹肉末）。
5. 撒上葱花（适当多一点）。
6. 竖向从三分之一处对折，再对折，按紧边缘。
7. 折好的面饼再用擀面杖轻轻擀一擀，弄得稍微薄一点。
8. 平底锅烧热，抹一层薄油，放入做好的饼，小火慢慢烙至两面金黄全熟即可。

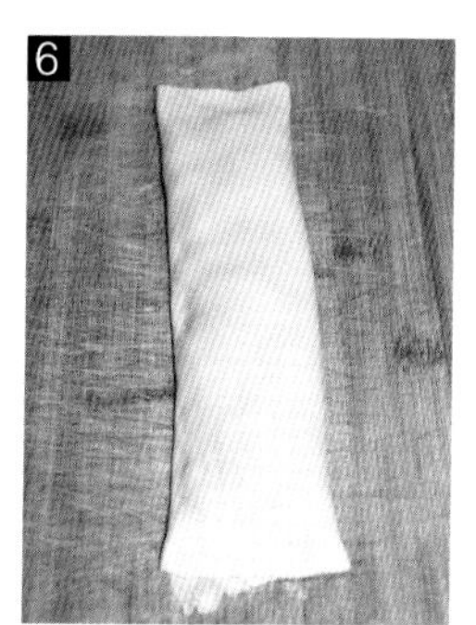
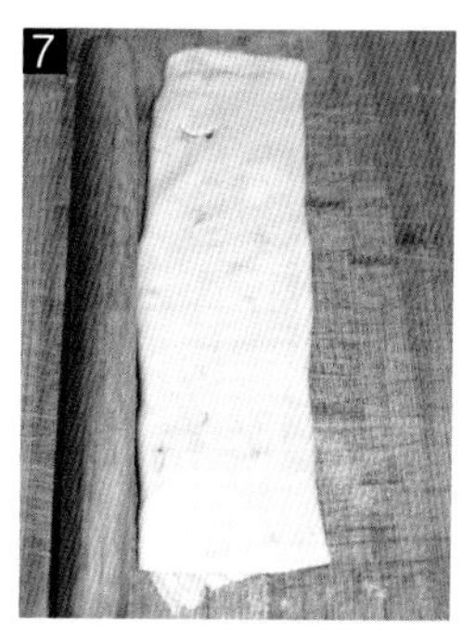
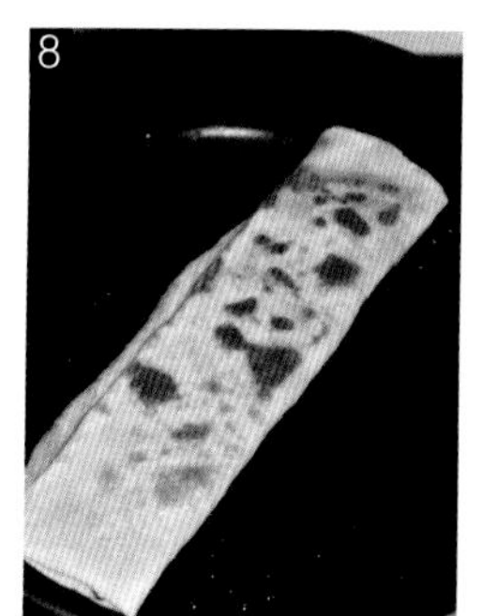

小细节，大提升

1. 烫面用的开水是煮沸的水。刚倒入开水搅拌好的面团会有些烫手，可以稍凉至不烫手再和面。和面时拍一点凉水在面团上（貌似这叫还魂水），揉和成光滑的面团即可。
2. 烙饼的时候，锅子里油一定要少，可用纸巾蘸油在锅底抹一遍，这样就够了。全程用小火，慢慢烙，因为是有馅的，要确保烙熟。

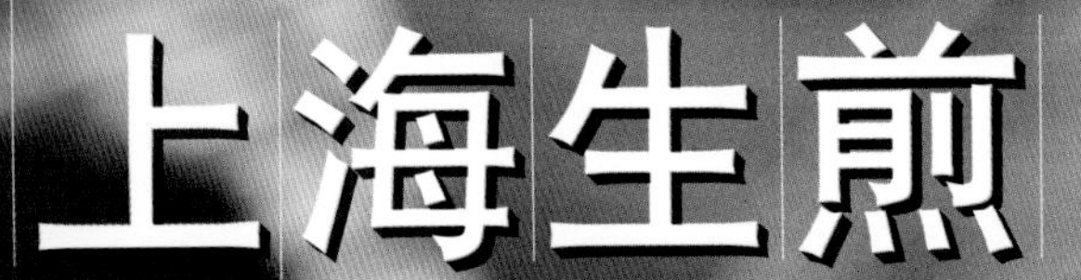

上海生煎

对上海的印象，除了时尚、喧嚣，更多的是一种风情。清晨的小弄堂，人们趿着拖鞋，拿着牙杯，走到公共水池边开始洗漱。然后再拿个小锅子去街上买早饭。街边的小吃店门口放着一个用汽油桶改造的大炉子，上面架着一个大大的平底锅，盖着厚实的木盖子，热气袅袅地从锅中冒出来。忙完手边的活儿的伙计走出来掀开盖子，锅中热气蓬勃而出，一阵生煎包特有的香味扑鼻而来，肉香中夹杂着芝麻香和葱花香。接过热腾腾的生煎包，找个位置坐下，赶紧蘸上点儿醋，咬一口，那个满足感啊，从嘴巴里弥漫开来……相对于上海大街上的时尚喧嚣，我更喜欢这样的小弄堂展现出来的市井生活，平淡，真实，又充满着幸福感。其实，与其说我爱生煎包，不如说我爱透过生煎包所折射出的美食文化。

平淡、真实的市井美食

材料 面粉250克、酵母3克、猪肉馅250克、葱花、姜末、温水130毫升(这个量包括了溶酵母的水)

调料 老抽、料酒、盐、鸡精、皮冻(或者少量清水)

做法
1. 3克酵母中倒入20毫升温水,静置5分钟,激发酵母的活性。
2. 把酵母水倒入面粉中,拌匀。倒入剩下的110毫升温水,边倒边用筷子搅拌成雪片状。揉成光滑面团,放温暖处发酵至两倍大。
3. 趁面团发酵的间隙拌肉馅。猪肉馅中加入盐、鸡精、老抽、料酒、葱花、姜末拌匀,再加入肉皮冻搅拌上劲。
4. 发酵好的面团,慢慢揉合排气,揉均匀。案板上撒粉,把面团搓成长条,分割成小剂子。
5. 取一个小剂子,搓圆压扁,用擀面杖擀成当中厚、边缘薄的圆形,放上肉馅,包成小包子状。
6. 平底锅烧热,倒入少量油,排入生煎包,用中火煎至生煎底部金黄。
7. 倒入小半碗清水没过锅底,撒上黑芝麻和葱花(水量根据生煎包的大小调整,如果个头较大,那么需要加水至生煎包的约1/3处,否则加热时间太短会导致生煎包内部不熟)。
8. 加盖大火煮开后转小火焖至水分收干。再开盖煎至生煎包表面水分收干即可出锅。

1

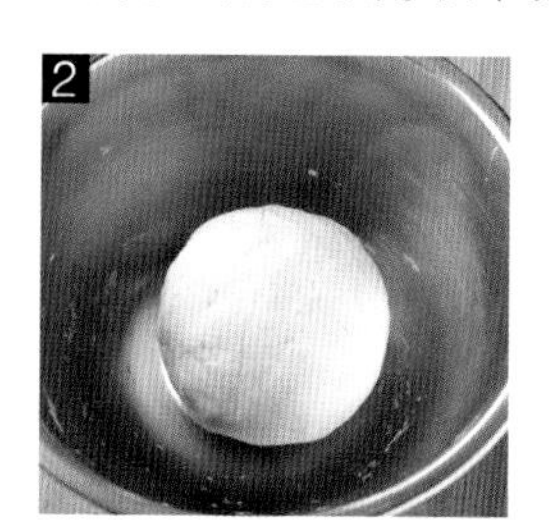
2

3

4

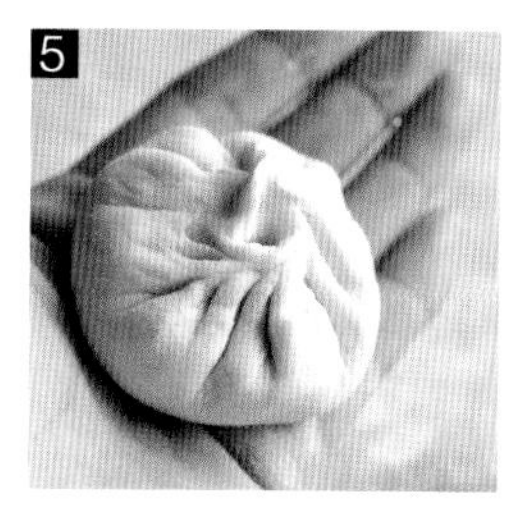
5

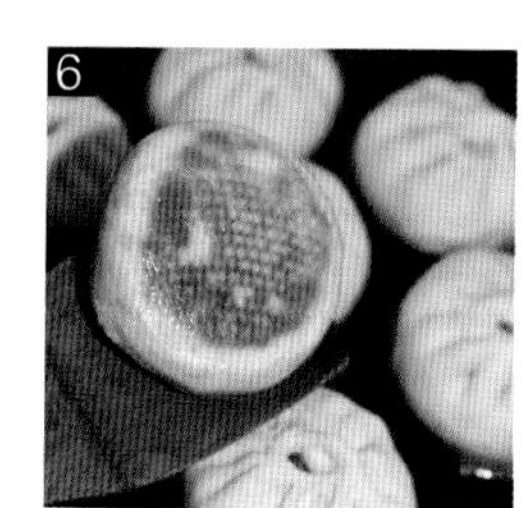
6

7

8

小细节,大提升

❶ 化酵母的水约为30℃,可以用手试一下,以不烫为宜。注意水温最多不能超过40℃,过高的水温会把酵母烫死,无法发酵。酵母用温水化开后需静置5分钟,激活酵母活性。

❷ 肉馅中加入肉皮冻会让生煎吃起来有汤汁,做法为:把猪肉皮焯水后切小丁;锅中放少量水,加料酒,放入肉皮丁,煮至肉皮融化(想省时可用高压锅);放凉后凝结成冻即成。没有肉皮冻的话,也可加清水,但千万不要一次全部加入,应该每次加入少量,打上劲再加下一次。

❸ 肉皮冻或清水的量大概为肉馅重量的1/5。记住,加入液体后,要把肉馅朝一个方向使劲搅上劲,让水分与肉馅融为一体。

关于生煎包所用的面团

生煎所用的面，有烫面、发面、半烫半发面等之分。烫面用开水兑面，不用发酵，特点是皮薄。好的烫面，能让你看到馅、汁。发面是发酵面，特点是亮、肥、软。发面的一个突出优点是汁水会渗入皮里，味道比大肉包更好。半发就是发面和烫面各半，优点介于两者之间。

关于烫面、发面和冷水面

烫面即是用沸水(65～100℃)和面，边加水边搅拌，待稍凉后揉合成团，再做成各类食品。其原理是利用沸水将面筋烫软，部分的淀粉烫熟膨化，降低了面团的硬度，所以水温越高，沸水量越多，做出的产品越软，吃起来较无劲道，且会粘牙、粘手、粘工作板，所以一般烫面产品并非全部用沸水，依所需产品的性质及软硬度，酌量掺入部分的冷水面，来保持韧性。烫面面团，多使用中筋面粉来制作，因为中筋以上的面粉，所含蛋白质量较高，可产生足够的面筋作为支柱，使面食软中带韧，不会黏腻稀烂。若用低筋面粉来做，则会因面筋不够，而使产品黏烂不爽。

一般烫面的产品，多以煎、烙的方式来制作，常见的有锅贴、各式的北方面饼如葱油饼、馅饼、韭菜盒单饼、烧饼等。

发面即是用发酵粉或者老面发酵而成的面团，需要在一定温度、湿度条件下，让酵母充分繁殖产气，促使面团膨胀。发面一般用于做蒸制用的面食，如馒头、包子、花卷等。制作面包、吐司的面团也是要发酵的。

冷水面就是用冷水调制的面团，有的加入少许盐。冷水面颜色洁白，面皮有韧性和弹性，可做各种面条、水饺皮、馄饨皮、春卷皮等。

荞麦面

其貌不扬却开胃无比

四季都有应景的食物，而秋季应该是食物最丰盛的一个季节。秋天有不少美食，荞麦就是其中一种。荞麦面颜色灰黑，其貌不扬，营养价值却很高。它有着各种各样的食用方法，最为常见的是用它做面条。荞麦面条最适合搭配黄瓜凉拌，因为黄瓜可以让荞麦面更清爽。但是如果是深秋初冬，吃凉拌面未免有点不合适，所以这次我把它改良成了热拌面。在秋日的阳光下，品味这样一碗荞麦面，是否能让你的味觉也感受到浓浓的秋意呢？

材料 荞麦面100克、红辣椒2小根、黄瓜丝少许

调料 橄榄油、米醋、生抽、糖、盐、辣椒油

做法

1. 红辣椒洗净后斜切成圈。
2. 锅中加清水，放入荞麦面。
3. 大火煮开后关火，焖5分钟左右，至挑起面条能轻松夹断即可捞出。
4. 捞出荞麦面沥干水分，淋上1汤匙橄榄油拌匀后，调入米醋2汤匙（30毫升）、生抽2茶匙（10毫升）、糖1茶匙（5克）、一点点盐和一小勺辣椒油拌匀，再加入辣椒片、黄瓜丝、一小把熟白芝麻拌匀即可。

1

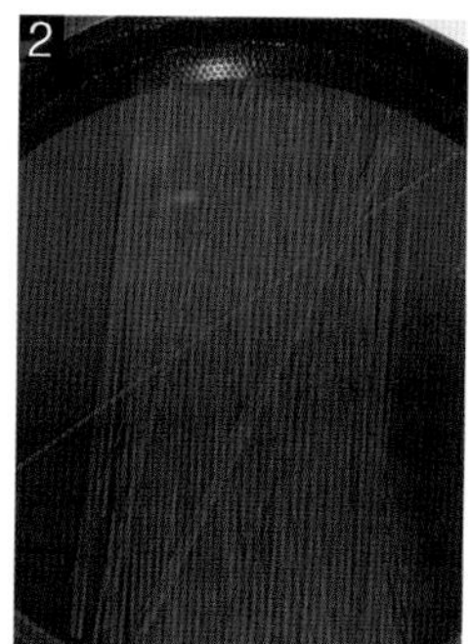
2

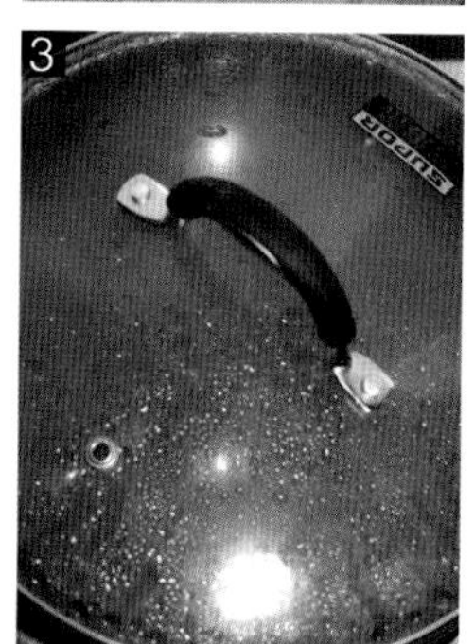
3

4

小细节，大提升

如果是夏天吃，可以在荞麦面煮熟后过凉水，再放调料和配料拌匀，入冰箱冷藏半小时，食用前撒上白芝麻即成。

香菇水饺

说实话，我家的馄饨、水饺基本轮不上我包，因为家里有包馄饨、水饺的能手。不过，能手也有遇到难题的时候："菜肉馄饨很好吃，但是我有点儿怕包，包好放一会儿馅里面就会渗出水来。"渗水？早就该跟我说了呀！房子渗水我解决不了，这馄饨、饺子馅的渗水问题我可是有办法解决的。周末，做了次香菇水饺，按照我的方法，简单的一个步骤，轻松解决了蔬菜馅渗水的问题。哈哈，貌似我比补漏公司还管用！

轻松解决蔬菜馅的出水问题

材料 猪肉馅、香菇、葱花、姜末、饺子皮

调料 料酒、盐、鸡精、淀粉

做法

1. 锅中放水烧开，放入洗净、去蒂的香菇，焯水1分钟左右，捞出用冷水冲凉，沥干备用。香菇挤干水分，切成小丁。
2. 取一只大碗，放入猪肉馅、香菇丁，放料酒、盐、鸡精、淀粉、葱花、姜末，再撒点芝麻，拌匀。肉末搅拌好后，再加入1勺食用油拌匀。
3. 取一张饺子皮摊开在手心，把肉馅放在饺子皮当中，在靠外侧的饺子皮边缘上抹些水（粘合饺子皮的作用）。
4. 把饺子皮对折，两手合作，把外侧的饺子皮用左手边推出褶子，右手捏紧。
5. 边推边捏，把整个边缘都捏好，饺子就包好了。如果嫌这个方法麻烦，那么就用手把饺子皮两边按紧也可以的（北方人都这么包，包起来速度比较快）。
6. 煮饺子：烧开锅中水，放入饺子，用勺子推一下避免粘锅。盖上盖子煮开，加小半碗冷水，再盖上盖子煮开，再倒入小半碗冷水，再次煮开后开盖煮1分钟左右，看到饺子全部浮起就熟了，可以捞出开动啦！

小细节，大提升

❶ 饺子一次包多了吃不完的话，可以按每次要吃的量分好，放入冰箱速冻起来，下次随吃随取。

❷ 蔬菜馅容易出水，在调好味道的蔬菜馅中放入食用油拌匀，油包裹住水分子后饺子就不会再渗水了。

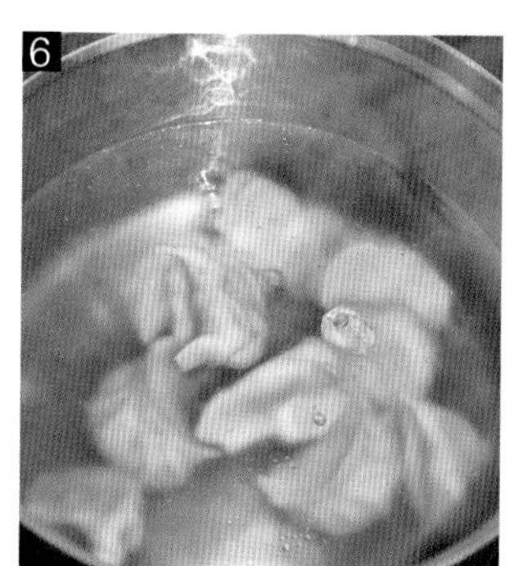

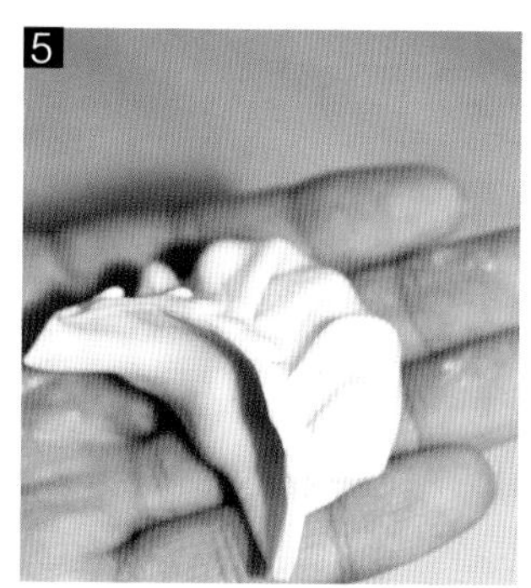

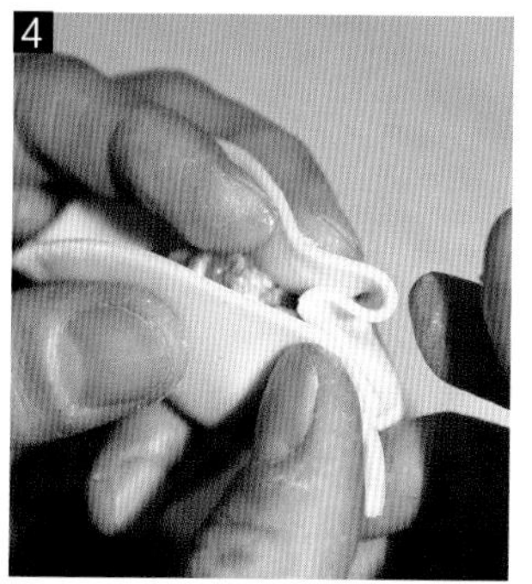

海鲜炒米粉

夜晚的大排档，热闹异常，繁华喧闹。而大排档中最受欢迎的莫过于炒米粉和炒河粉，香喷喷，让人欲罢不能。和很多人一样，我一直钟情于各种炒米粉，而让我最留恋的就是海鲜炒米粉。原来在家里炒米粉，我都用锅铲，后来发现，炒米粉，用筷子才是正道，边翻炒边把米粉抖散，才能炒出干干的、根根分明不粘连的米粉。

炒米粉用筷子才是王道

材料 （一人份）米粉干1块、新鲜小鱿鱼3～5只、蛤蜊10个、胡萝卜一小段、芹菜少许

调料 蚝油、生抽、料酒、鸡精

做法

1. 米粉干用温水泡软。
2. 捞出沥干水分，加半汤匙蚝油、半汤匙生抽拌匀备用。
3. 芹菜和胡萝卜处理干净，切成丝。
4. 鱿鱼处理干净，切花刀。蛤蜊洗净备用。
5. 锅中放油（稍微多一点儿），倒入蛤蜊和鱿鱼一起煸炒，放些料酒。看到鱿鱼发白卷起，把鱿鱼盛出。蛤蜊继续留在锅中。
6. 此时蛤蜊还没张口，倒入米粉，改用筷子不断挑起米粉，抖落着翻炒。
7. 炒到锅中汤汁基本收尽，倒入蔬菜丝继续翻炒至米粉干爽、蛤蜊开口。
8. 放一些鸡精调味，倒入前面炒好的鱿鱼卷，翻炒均匀即可出锅。

小细节，大提升

❶ 可以根据自己的喜好更换成其他品种的海鲜。

❷ 炒米粉的时候不要用锅铲，会弄得米粉粘在一起，一团团的。用一双筷子挑起、抖落翻炒，这样米粉不容易粘在一起，也能比较轻松地炒干爽。

❸ 事先给米粉干拌好味道，可以让炒出来的米粉干更入味。最重要的是，米粉下锅后需要不停地翻炒，如果这时候停手去加调味料，就容易粘锅结团。

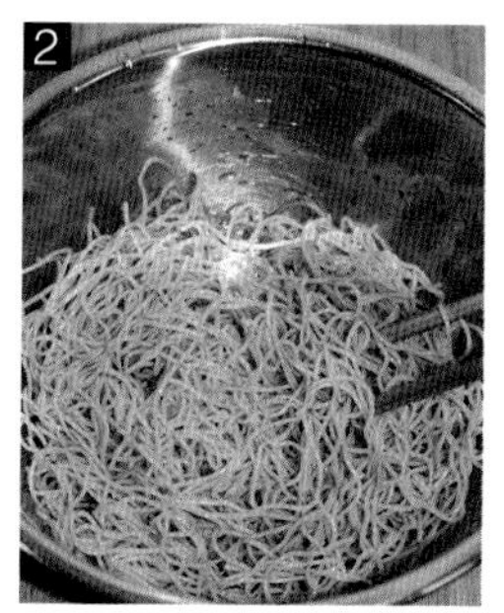

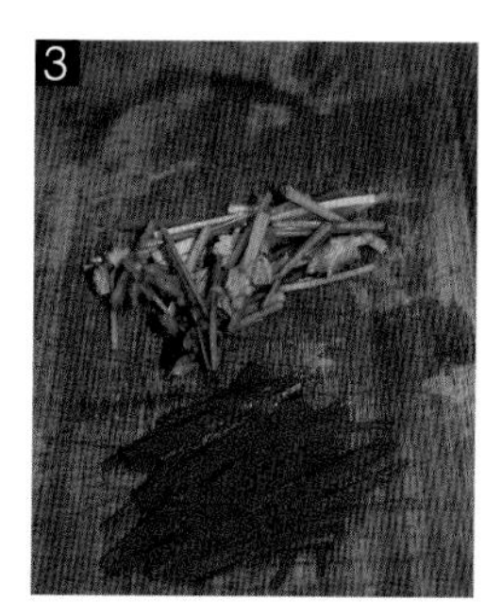

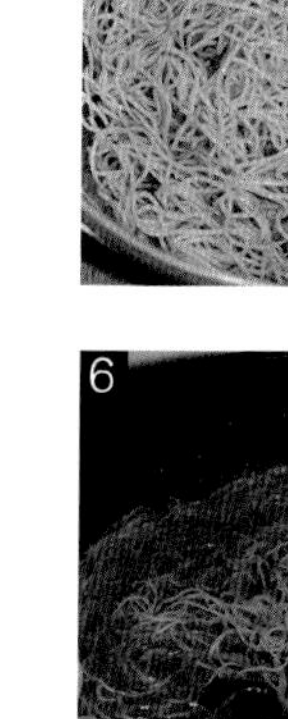

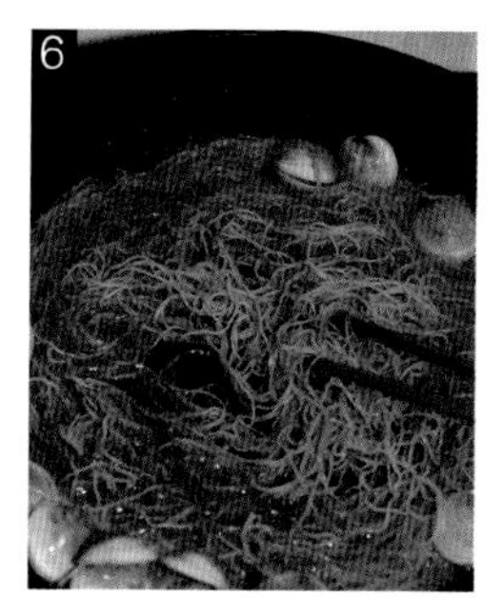

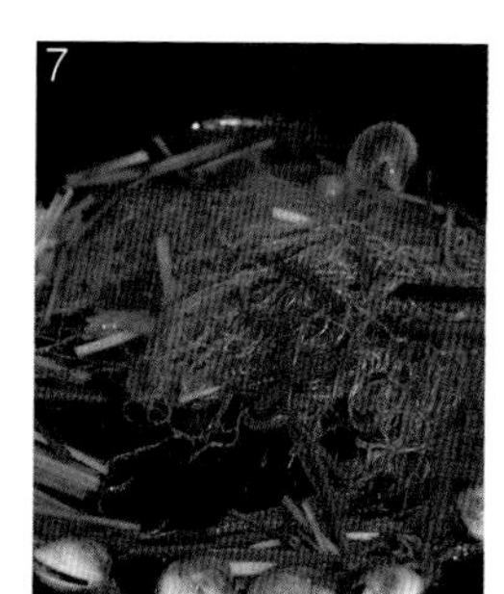

鲜奶油意大利面

有人说鲜奶油和意大利面是绝配。用鲜奶油打底，做了这款鲜奶油意面。有了培根的搭配，吃的时候就能品出浓浓的奶香和培根的鲜香。由于配料中奶制品的含量比较高，所以这款意面还特别适合给生长期需要补钙的孩子吃。风情万种的意大利面，绝对能挑逗大家的味蕾。

风情万种

材料 (两人份)长条型意大利面200克、鲜奶油(淡奶油)150毫升、鸡蛋1个、片状奶酪2片、培根2条、香菜少许

调料 盐、胡椒粉少许

做法
1. 锅中放半锅水煮开,放一小勺盐,放入意面,边煮边适当搅拌,煮8分钟。
2. 在煮意面的间隙把奶酪片、培根切成小丁。
3. 平底锅加热(我用的培根比较肥,所以没放油),倒入培根丁煸炒至出油,直炒到培根丁焦香发脆,盛出备用。
4. 意面煮好后捞出沥干,倒入一勺橄榄油拌匀备用。
5. 在干净的平底锅中倒入淡奶油,磕入一个鸡蛋彻底搅散。开火煮至冒泡。
6. 倒入煮好的意面和煎好的培根,边煮边用筷子搅拌。
7. 再放入奶酪丁,搅拌煮到奶酪丁全部融化。
8. 放些盐,再撒些胡椒粉,出锅装盘,最后撒上些香菜碎点缀即可。

小细节,大提升

❶ 煮意面的水中一定要先加入一小匙的盐,份量约占水的1%。若少了这个动作面条吃起来就只有表面有口味,咬到里头会觉得没有味道,很不好吃。

❷ 若要让煮好的面条保有Q劲,千万别过冷水,而是应拌少许橄榄油喔!汆烫好的面没用完,也可拌入橄榄油稍微风干后冷藏。

❸ 我这里用的培根比较肥,所以煸炒的时候没有放油。如果用的是比较瘦的培根,可以放一小勺油煸炒。记住培根要煸炒至焦香发脆才会好吃。

❹ 这款意面要趁热吃,面中的奶酪和淡奶油遇冷会凝结,口感就没热的时候好了。

1

2

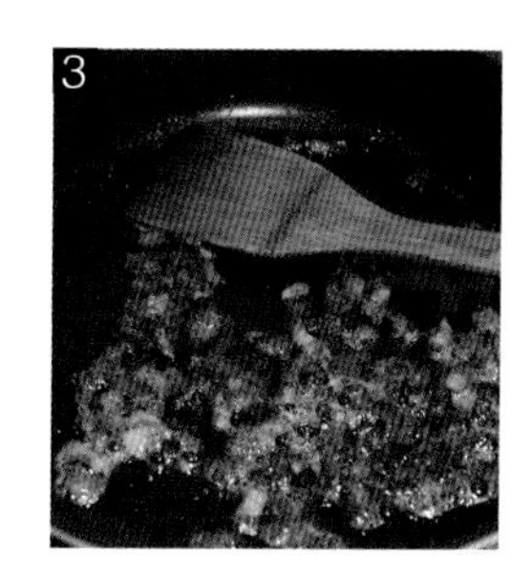
3

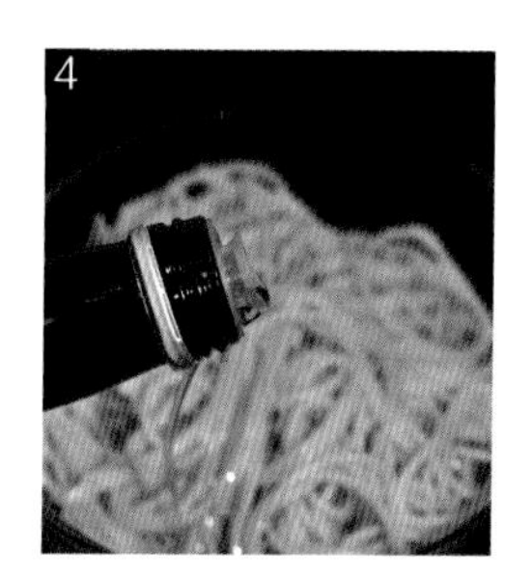
4

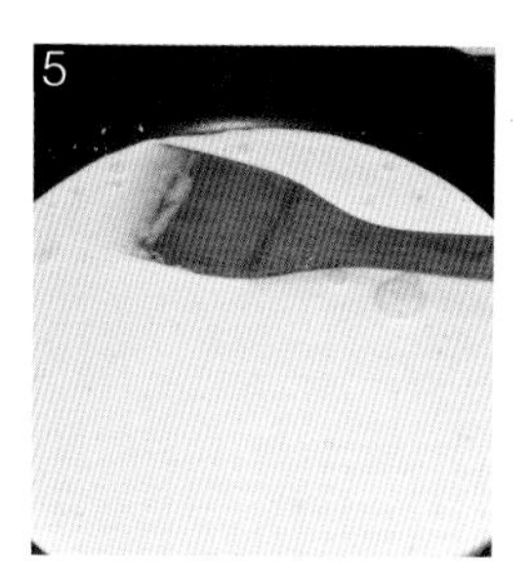
5

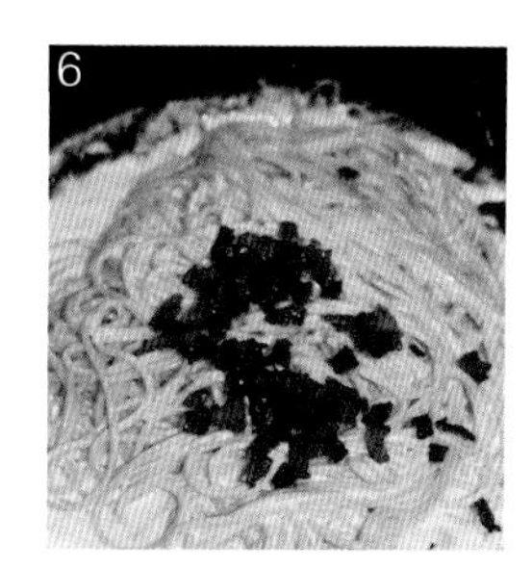
6

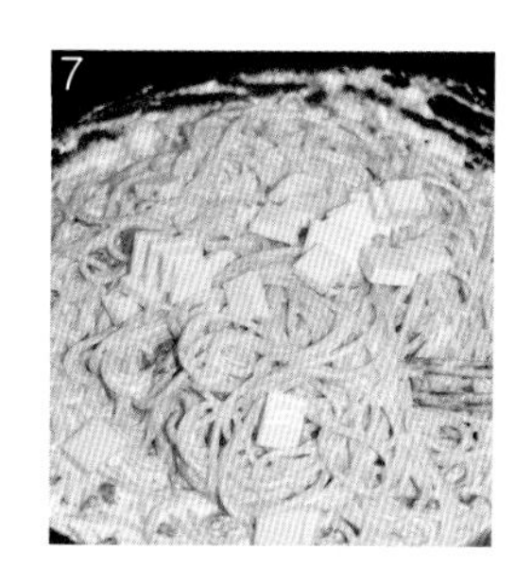
7

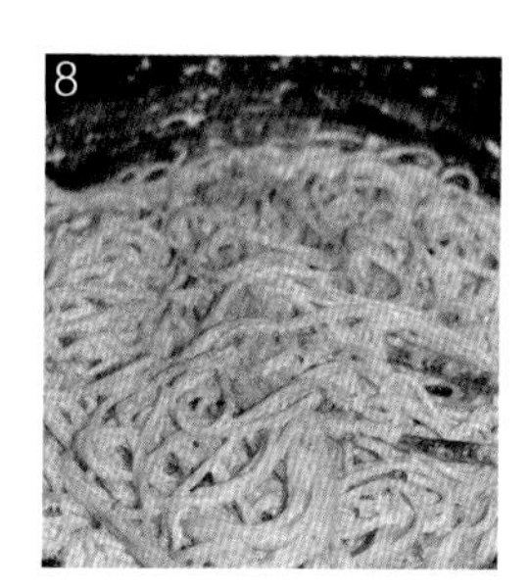
8

牛肉炒米粉

总觉得一个人吃饭的时候，米粉、米线这些都是非常合适的食材，无论是和蔬菜或荤菜搭配，都能成就一碗美味午餐。这个是我和小哲寒假中某日的午餐，我在炒米线的时候，小哲就被我"勾引"到厨房里，问："你在炒什么？怎么这么香？"我答："牛肉炒米粉。"他说："我本来肚子还不饿的，你这香味搞得我现在饿惨了。"做好后我装了一碗去拍照，没等我拍完，他在餐桌那边已经把自己的那碗吸溜光了。家有这么捧场的"小食客"，也难怪我对于美食的追求孜孜不倦了。

美妙好味炒出来

材料 牛里脊肉100克、云南米线1包(约200克)、胡萝卜、葱、姜、香菜

调料 蚝油、料酒、黑胡椒粉

做法

1. 真空包装的云南米线,用沸水加盖浸泡3分钟,搅拌后将水滤出。
2. 牛里脊肉逆着纹理切成细丝,用1茶匙蚝油、1茶匙料酒和一点点黑胡椒粉抓匀后,放点食用油拌匀腌制20分钟。
3. 胡萝卜切细丝,姜切细丝,葱切段。
4. 锅烧热后爆香葱、姜丝,捞出扔掉。倒入胡萝卜丝煸炒至变色发软,盛出。
5. 关火,把锅中油温降到温热,开火倒入牛肉丝滑炒至表面变色即盛出。
6. 煸炒好的胡萝卜丝和烫好的米线倒入锅中,再倒入约100毫升的高汤(没有就放清水)。加一汤匙半生抽,转大火不断翻炒。
7. 待锅中汤水收干至原来的一半时,倒入炒好的牛肉丝,不断翻炒至锅中汤水收干。
8. 撒些香菜快速翻炒一下,即可出锅。

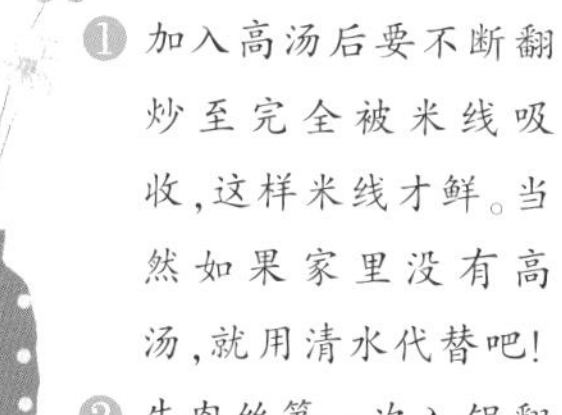

小细节,大提升

① 加入高汤后要不断翻炒至完全被米线吸收,这样米线才鲜。当然如果家里没有高汤,就用清水代替吧!

② 牛肉丝第一次入锅翻炒的时候不要完全炒熟,表面变色立即盛起,否则第二次入锅再炒后就老了。

③ 我用的云南米线是真空包装的,只需要打开包装用沸水烫3分钟再捞出沥干就能做汤米线或者炒米线了,超市冷柜有售。

1

2

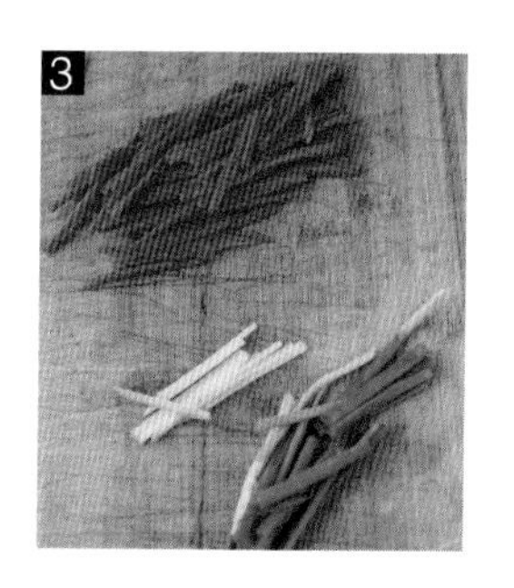
3

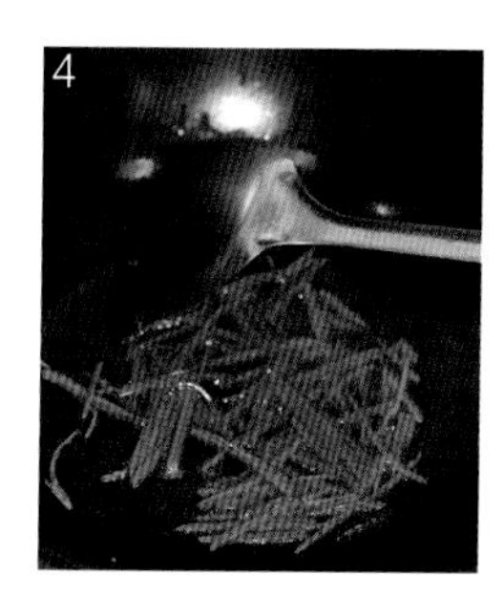
4

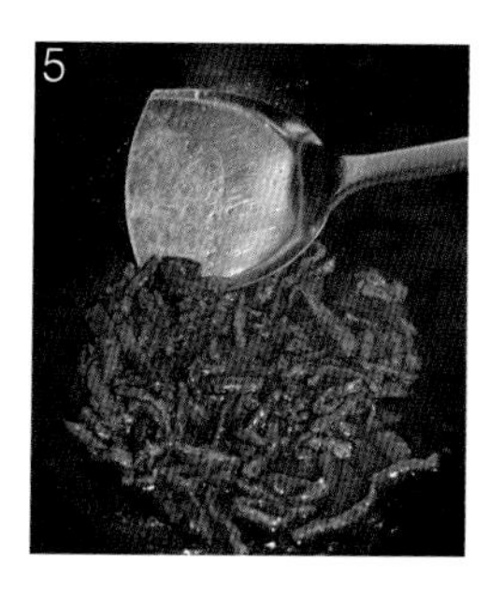
5

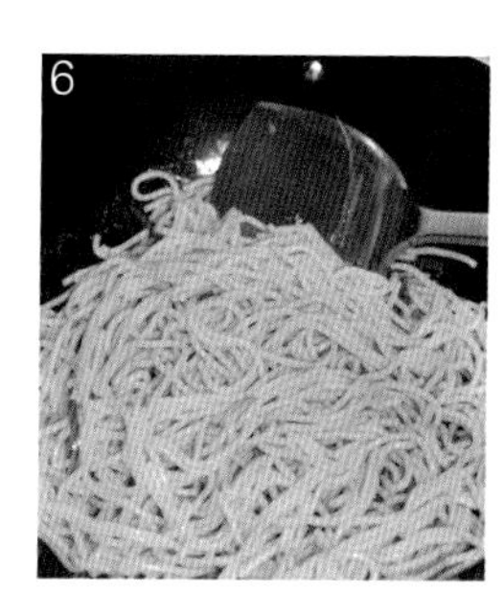
6

7

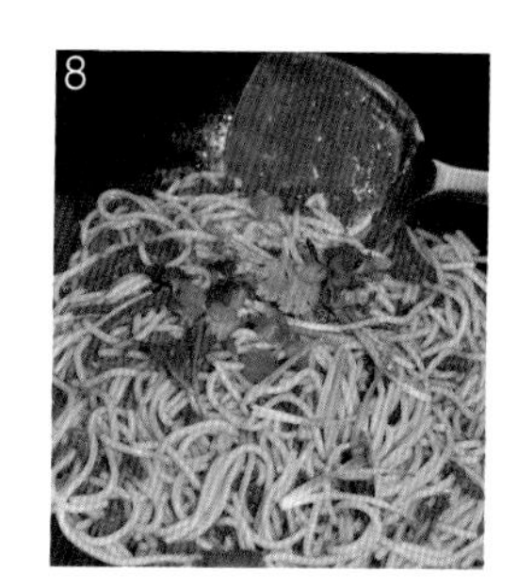
8

番茄奶酪焗饭

一款不需要用到烤箱的焗饭，番茄奶酪焗饭，算是焗饭中的经典了，绝对是不可错过的美味哦！如果平时不玩烘焙的朋友可能家里没有马苏里拉奶酪，没关系，可以用超市售卖的那种片状奶酪切成丝来代替，只是不能拉出丝，但一样好味哦！

不需要烤箱就能做

材料 米饭1碗、番茄2个（小个的）、洋葱半个、猪里脊肉100克、马苏里拉奶酪30克、黄油10克

调料 番茄酱、生抽、糖、水淀粉

做法

1. 准备材料。
2. 里脊肉切薄片，用一点生抽、料酒和淀粉抓捏均匀至发黏。
3. 番茄开水里烫一下，去皮切小丁，洋葱去皮切小丁，和腌制好的里脊肉一起放入微波炉容器中，加1汤匙番茄酱、2茶匙糖、1茶匙生抽和2茶匙水淀粉，再加入100毫升清水。
4. 拌匀加盖入微波炉高火加热3分钟成酱料。
5. 倒出加热好的酱料。在微波炉容器壁上涂点黄油，均匀铺入米饭。
6. 把酱料铺在米饭上，最表面铺上刨成丝的马苏里拉奶酪，入微波炉高火加热3分钟即可。

小细节，大提升

❶ 如果没有马苏里拉奶酪，可以用超市售卖的方片奶酪切成丝代替。不过只有马苏里拉芝士会有拉丝效果，其他奶酪拉不出丝。

❷ 步骤3中清水的量要视具体情况而定，如果番茄本身水分多，就要适当减少水的用量。

1

2

3

4

5

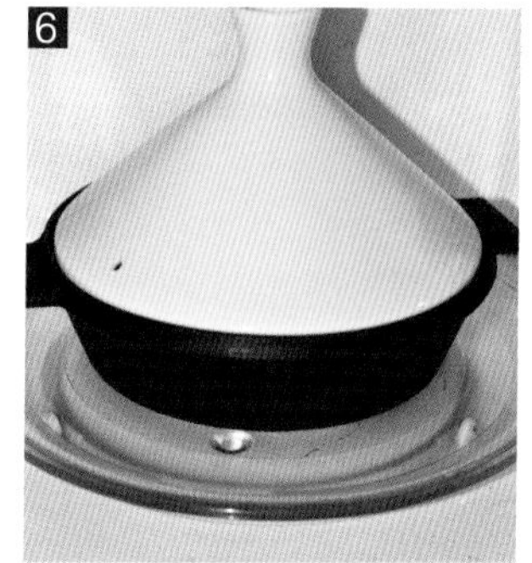
6

酸辣粉

夏天的尾巴，秋天的开始。天气转凉，我开始想念酸辣口味。家对面有家饺子馆，铁板煎饺做得不错，平日里我经常会去光顾，有时候也会点上一碗酸辣粉。只是这里的师傅放料忒狠，连着吃几口就能让我连呛带咳。但实在是喜欢这个酸辣劲，于是自己在家炮制了一碗适合自己口味的自制酸辣粉，酸酸辣辣爽得很！

酸酸辣辣爽翻天

材料 红薯粉丝、炸酥的花生和黄豆、香菜、葱

调料 生抽、米醋、盐、鸡精、糖、麻油、红辣椒油、白芝麻、白胡椒粉、浓缩鸡汁

做法

1. 5茶匙生抽、8茶匙米醋、一点点盐、麻油、鸡精、白胡椒粉、白芝麻、红辣椒油和一小勺糖，放入碗中混合。
2. 倒入1茶匙浓缩鸡汁（没有就省略），冲入半碗开水调匀。
3. 红薯粉丝用冷水泡软后，锅中水烧开，放入红薯粉丝，煮1分钟左右捞出沥干水分。
4. 把红薯粉丝放入准备好的调料碗中，表面放上炸酥的花生和黄豆，切碎的香菜和葱，吃时拌匀即可。

小细节，大提升

① 酥炸黄豆的做法：黄豆用水泡2小时左右，擦干表面水分（千万弄干哦，否则下了油锅爆得满天星）。冷油下锅，小火慢慢炸至香酥。

② 炸花生米做法：冷油下锅，小火炸香。吃不完的可以放密封盒中保存。

③ 酸辣粉中的调味料可以根据自己口味调节。我吃不了很辣的，所以这里用的是自制的辣椒油。具体做法是：干辣椒剪碎后，倒入热油激发出香味即成。如果你口味重，可以用重口味的红辣椒油。

1

2

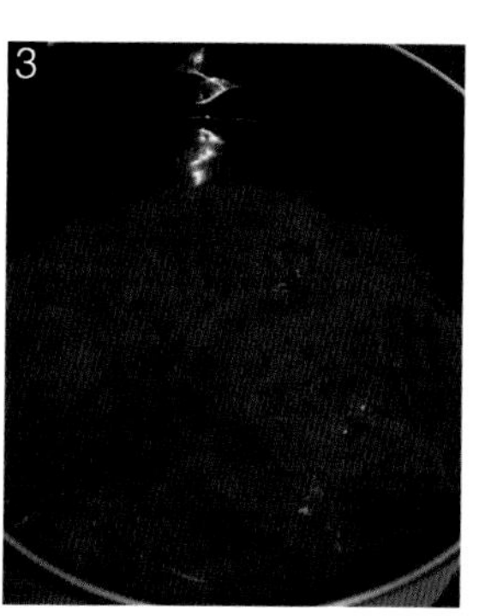
3

4

韭黄肉丝炒年糕

这是江南人经常会在冬天吃的一种主食。年糕对我来说，就如同北方人离不开面条一样，是那样有吸引力。通常我会比较喜欢粳米和糯米掺合而成的年糕，既有糯米的软糯，又不至于像全糯米年糕一样太黏软。因为年糕本身没有什么味道，所以可以用它来搭配各种食材，呈现出各种不同的味道。而冬天的这一碗韭黄肉丝炒年糕，可算是江南人最经典、最美味的年糕做法了。

江南人最钟爱的年糕吃法

材料 年糕1条、猪肉丝一小团、韭黄一小把

调料 料酒、蚝油、盐、鸡精

做法

1 准备材料。

2 猪肉丝用料酒、蚝油抓捏均匀后，倒入一些食用油拌匀腌制备用。年糕切片，韭黄清理干净后洗净切成段。

3 热锅冷油，倒入腌制好的猪肉丝滑炒至表面变色。

4 加入韭黄翻炒至韭黄变软。

5 切好的年糕片用水冲一下（可以防止粘锅），入锅不断翻炒大约1分钟。

6 倒入小半碗水，盖上盖子焖煮2～3分钟，开盖加盐、鸡精调味即可出锅。

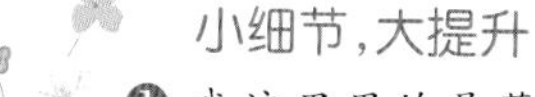

小细节，大提升

❶ 我这里用的是菜场买来新鲜的年糕，拿回家还是有些软的，所以可以直接切成片，用水冲一下就可入锅炒。如果是超市买来的比较硬的年糕条或者年糕片，建议先切片后用凉水浸泡半小时，沥干水分后再炒。

❷ 年糕入锅前要用冷水冲淋一下，这样入锅后不容易粘在一起。入锅后要勤翻炒。炒大约1分钟足够了，炒太久的话还是会粘锅的。

❸ 天气再冷点的时候，可以再加点冬笋丝一起炒，更鲜美！

❹ 年糕类食品不容易消化，要吃得适量，一次不要贪心吃太多哦。

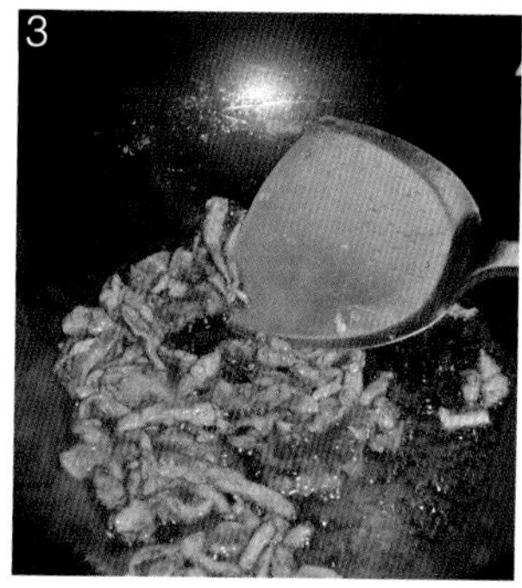

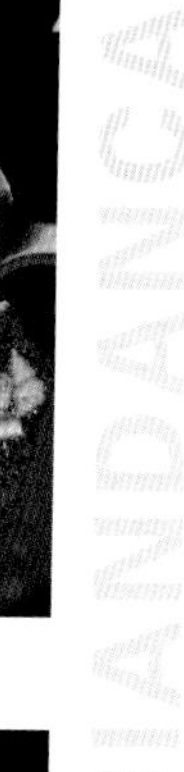

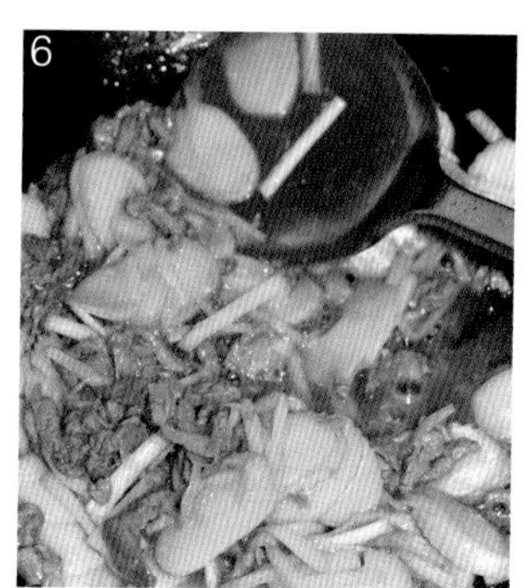

香菜薄饼

很多人抱怨早餐变不出花样，其实早餐还是可以有很多选择的，光是煮个粥就可以变出N多种，鸡蛋可以做成荷包蛋、煎蛋、炒蛋……面食可以是包子、馒头、花卷……而放了各种材料摊出的多样味道的面饼，也是个不错的选择。做面饼有很多种方法，可以用和好的面擀成稍厚的饼入锅煎熟，也可以像我今天这样，各种材料调成稀面糊，摊一张又薄又软的香香薄饼，和稀饭、牛奶、豆浆、果汁搭配着吃，都是不错的。至于摊面饼怎样可以做到又薄又圆又软、形状漂亮？看了这篇就有答案了。

摊一张又薄又圆的软饼

材料 面粉、鸡蛋1个、香菜一小把、胡萝卜1根

调料 盐、白胡椒粉、鸡精

做法

1. 一个鸡蛋打散，香菜洗净切成碎，胡萝卜去皮切成小粒。
2. 在一小杯面粉中加入打散的鸡蛋，用筷子搅拌均匀，再慢慢加入清水，边加边搅拌，至面糊呈稀糊状态且可以比较流畅地呈线形下落。加入香菜碎和胡萝卜碎，放点盐、一点点白胡椒粉以及少量鸡精，搅拌均匀。
3. 取一个平底锅（最好是不粘锅），冷锅倒入冷油。把油在锅中转一下，让油均匀地覆盖整个锅底。然后把油倒出，把面糊倒入锅中（注意不要一次倒太多），用手把锅转一下，把面糊转开，使其在锅底均匀地铺成薄薄一层，不露出锅底即可。
4. 开小火，加热1分钟左右，面饼贴着锅子的一面成型后，翻面再加热1分钟左右，两面都成型即可出锅。

1

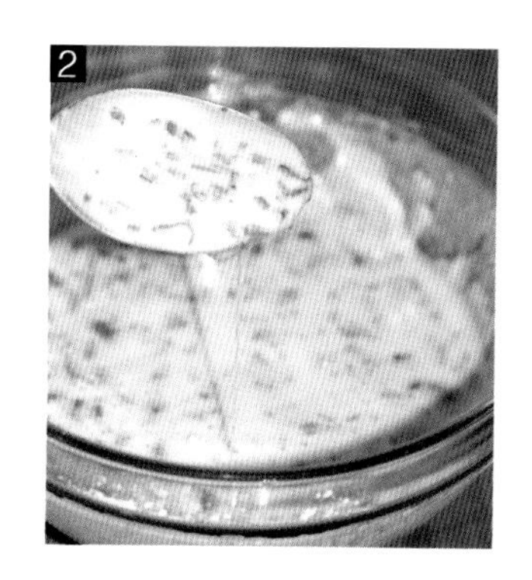
2

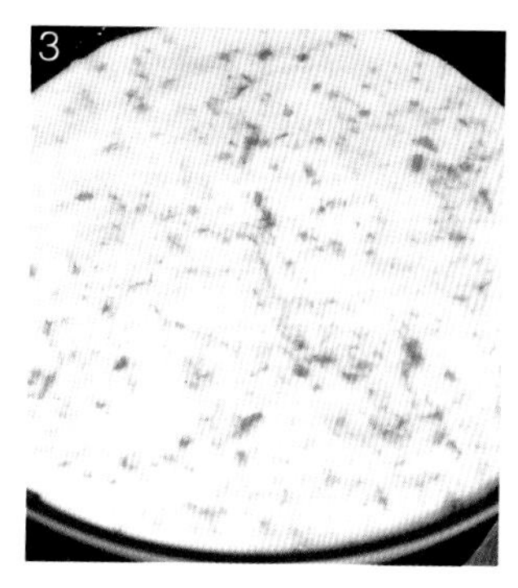
3

小细节，大提升

❶ 面糊一定要搅匀至没有面粉颗粒。如果家里有打蛋器，建议用打蛋器来搅拌面糊，又快效果又好。

❷ 把油在锅底转均匀后倒出，这时还是会有少少的油覆盖在锅底的，面饼熟了以后就会和锅底分开，不用担心会粘锅。

❸ 面糊倒入锅子的时候平底锅是冷锅，等面糊在锅中转开成均匀的薄薄一层再开火加热。如果是热锅，面糊入锅的同时就开始凝固，就摊不出又薄又圆且均匀的面饼了。

❹ 薄饼在锅中的时间不能长，否则面饼中的水分会蒸发，口感就不软了。如果要继续摊薄饼，应等锅子的余热散去再继续。

❺ 这个方法同样适用于摊鸡蛋饼。

4

第五章

- 暖暖的一碗汤

夏日，烈日炎炎，喝一碗酸爽清淡的汤，可以瞬间让人胃口大开，暑气全消。冬日，呵气成霜，家人围坐在一起，手捧一碗暖暖的汤，暖心暖胃。我们的生活，就像这温暖的一碗汤，不讲形式，甚至没有好看的模样，但需要慢工细火，只有将各种食材的味道融合，才会越发醇厚，时间越久，鲜味愈鲜，香味愈香。

酸辣汤

酸、辣、咸、鲜、香，开胃助消化，很多人在没有太大食欲的时候会想念酸辣汤的美味。记得我小时候最喜欢喝酸辣汤了，冒着热气，边喝边吹，一碗喝下肚，身上就微微出汗了，让人感觉非常过瘾。自己尝试着做了次酸辣汤，被小哲直呼好喝，当下心里美滋滋的。享受美食带给我无限的惊喜和快乐！

让你喝出汗的一碗汤

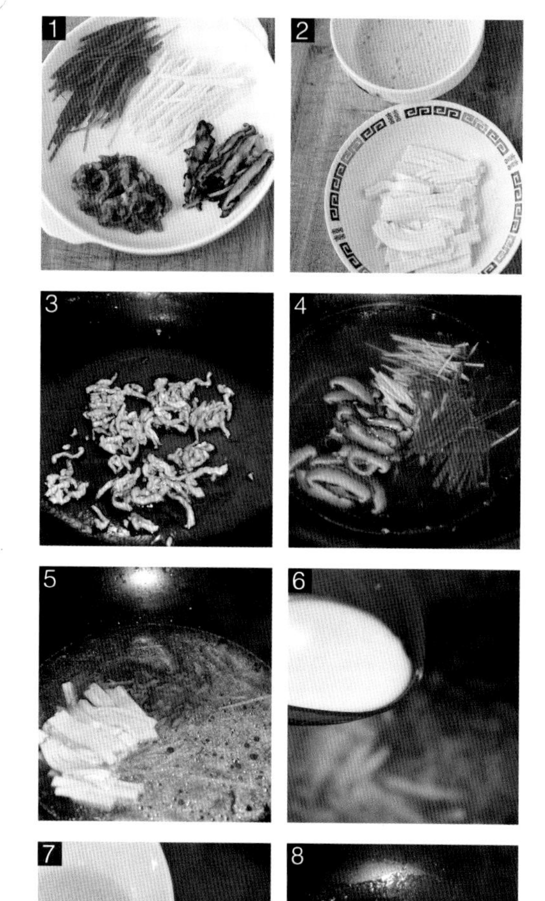

材料 猪里脊肉一小块、冬笋一小块、水发香菇2朵、胡萝卜1/3个、嫩豆腐半块、鸡蛋一个、高汤400毫升(或者清水)

调料 生抽、醋、白胡椒粉、淀粉、料酒、蚝油

做法

1. 香菇、冬笋、胡萝卜和里脊肉切丝,里脊肉用蚝油、料酒抓匀腌制。
2. 嫩豆腐切细条,鸡蛋1个打散。
3. 锅烧热放油,温油滑炒肉丝至表面变色,盛出。
4. 用锅中余油煸炒冬笋丝、胡萝卜丝和香菇丝,倒入一大碗高汤(或者清水,约400毫升),加入1.5汤匙生抽,烧开后小火煮2分钟。
5. 倒入豆腐丝和煸炒过的肉丝,煮开转小火。
6. 1汤匙淀粉用水调开,中火保持锅中滚开状态,缓缓倒入水淀粉,边倒边推匀,锅中汤呈稍黏稠状即可(淀粉水不是全部用完的哦,看到汤呈稍黏稠状即停止)。
7. 一边把打散的蛋液缓缓淋入锅中,一边用汤勺推动,使蛋液形成漂亮的蛋花。
8. 沿着锅边倒入1汤匙香醋,撒入稍多量的白胡椒粉,用汤匙推匀。撒上葱花出锅即可。

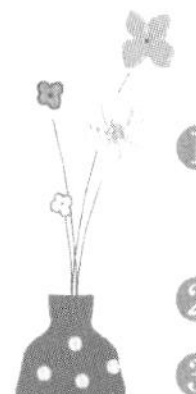

小细节,大提升

① 没有高汤就用清水代替。此酸辣汤中的辣来源于白胡椒粉,所以白胡椒粉的量要比平时做菜稍多点。调味料的量只供参考,醋最好不要一次加入,边加边尝比较保险。

② 勾芡是做好这个汤的关键,勾好芡的汤要透明并且略黏,汤中的食材要全部浮起。

③ 淋蛋液时,不要一下子倒入,把蛋液形成细流状从外往里慢慢转圈淋入,用汤勺推开即可。

④ 这碗汤要趁热喝,边吹气边喝味道最好,凉了就不好喝了。

日式味噌汤

温暖的快手汤

简单的日式味噌汤，这样的快手汤上班族应该会很喜欢。不知道大家吃不吃得惯味噌的味道，我是比较喜欢它那独特的香气的。如果你也跟我一样喜欢味噌的味道，建议平时在冰箱里备一包，来不及炖汤的时候，随时可以拿出来，花几分钟，用简单的材料，就能做出快手汤。冬日里，手捧这样一碗热汤，心也会跟着暖起来吧！

材料 海带一小把、内酯豆腐半块

调料 味噌2勺

做法

1. 锅中放泡发好的海带，煮开后转小火煮5分钟至海带变软。
2. 小碗放小半碗温水，取两勺味噌，放入温水中化开。
3. 锅中海带煮好后，放入切成小丁的内酯豆腐，再煮1分钟，关火。
4. 倒入溶化的味噌水搅匀即可。

小细节，大提升

❶ 味噌是由发酵过的大豆（黄豆）制成，主要为糊状。是一种调味料，也被用作为汤底。

❷ 味噌做出来的汤都是奶白偏黄色的。味道比较浓郁，非常鲜美，像是放了很多鸡精。味噌汤不可重复煮沸，因为味噌再温热会丧失香气，所以最好是煮好后立即享用。

1

2

3

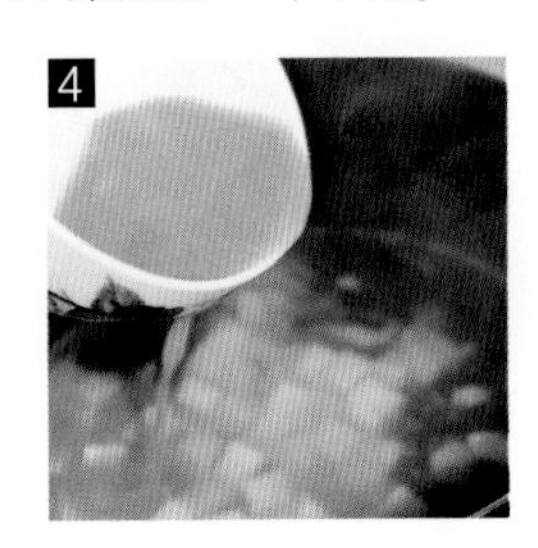
4

锌钙同补

蛤蜊汤

很清爽，也很简单的一道汤，非常适合在夏季食用。俗话说：药补不如食补，从食物里获取天然钙质和其他矿物质，既方便又无副作用。这道汤富含钙、碘、锌等矿物质，锌钙同补，味道鲜美，非常适合处于生长期需要补锌、补钙的孩子喝，是一碗美味与营养兼得的好汤哦！

材料 海带、豆腐、蛤蜊

调料 盐、鸡精

做法

1. 蛤蜊泡在清水中，水里加一小勺盐，滴几滴食用油，让蛤蜊把肚中的泥沙吐尽。海带结洗净，在清水里泡一会儿。取一锅子，锅中注入清水，放入少许姜丝，放入海带结煮开后转小火煮10分钟。
2. 豆腐切块，放入锅中，和海带一起小火煮两三分钟。
3. 蛤蜊洗净捞出，放入锅中煮两三分钟至开口，放盐和鸡精调味，撒葱花出锅。

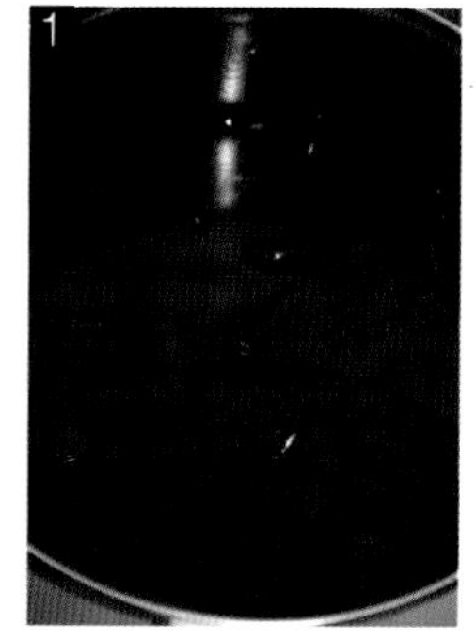
1

2

3

小细节，大提升

① 我用的是浓浆豆腐，嫩豆腐的一种。如果喜欢老豆腐，记得下锅前要先用开水汆烫，再放入汤中煮，可以去掉老豆腐的豆腥味。

② 这个汤，蛤蜊是点睛之笔，放了蛤蜊后，整个汤立刻就鲜美起来了。

花菇炖鸡汤

每个人的心底，都有一个最亲切的菜，一碗最温暖的汤。这个菜，这碗汤往往不是出自餐厅，而是出自家人之手。夜幕降临，城市中每个亮着灯光的厨房，都是一个温暖的地方。我心中最温暖的汤，是从小到大妈妈亲手煲的那碗鸡汤。如今，我自己也有了家庭，也成了妈妈。我也时常会往餐桌上端一碗飘着十足香气的鸡汤，希望这碗汤，带给家人的不只是味觉的满足，同时也能成为他们心底那碗最温暖的汤。

每个人心底都有一碗温暖的汤

材料 鸡1只(最好是土鸡)、花菇10朵

调料 盐、料酒

做法
1. 鸡洗净后处理干净。
2. 花菇用温水泡发(大概1小时)。
3. 鸡切块,放入锅中,倒入足量冷水,煮开,撇去浮沫。
4. 放入姜片和葱段。
5. 倒入1汤匙料酒。
6. 倒入泡花菇的水(注意下面会有脏的沉淀,可别把这些一起倒进去哦)。
7. 放入泡发好的花菇。
8. 大火煮开,转小火慢炖一个半小时左右,待鸡肉能轻松用筷子穿透,加入盐调味即可。

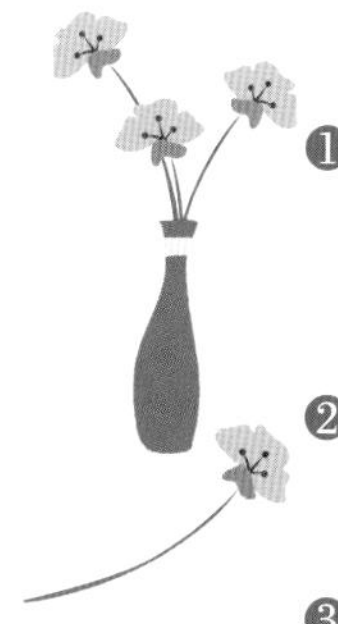

小细节,大提升

❶ 泡花菇的水不要扔掉,泡的时候杂质会沉淀到底部,上面那层清澈的花菇水可以用来煲汤。

❷ 煲汤要一次加足水,千万不要中途再加水,会影响汤的鲜味。

❸ 这个汤本身已经很鲜了,所以最后调味只需要加盐就可以了。

甘蔗红萝卜猪骨汤

深秋季节，浑身上下都开始感觉干干的。饮食养生保健的方法对"秋燥"有很好的预防效果。对付秋燥，我煲了一锅温润滋补解燥汤，这样的季节喝上一碗，舒服！

温润解燥汤

材料 猪龙骨500克、甘蔗一小段、胡萝卜1根、陈皮几片、葱、姜

调料 料酒、精盐、胡椒粉

做法

1. 陈皮提前用温水泡软，用小刀刮去白色瓤壁。所有材料洗净。
2. 锅中放冷水和剁成小块的猪龙骨，大火煮开后，再煮1分钟（这时候可以看到锅里水挺脏的，表面有很多浮沫）。
3. 焯水的龙骨捞出后放在流动的水里冲洗干净。甘蔗去皮切小段，胡萝卜去皮切滚刀块。葱、姜洗净，葱打结，姜切片。
4. 沙锅中放足量冷水，同时放入龙骨，煮开后转小火（如有浮沫要撇干净）。
5. 放料酒、姜片、葱结、陈皮和甘蔗同煮，小火煲半个小时。
6. 半小时后放入胡萝卜，再煲半个小时，加精盐和少许白胡椒粉（可不放）即可。

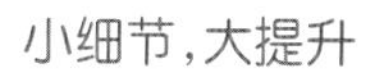

小细节，大提升

❶ 这个汤喝起来是带点甘甜味儿的。材料中甘蔗的量不要多，大概半根胡萝卜长度的一段甘蔗就够了，因为甘蔗本身有甜味，放多了汤的甜味会太浓。

❷ 最后加盐的量也要控制好。我这个量的汤，放一小勺够了，只要能稍稍吃出点咸味就行。放多了，喧宾夺主，抢了甘甜味儿的风头。

❸ 皮青黄色的称为竹蔗，皮深紫近黑的称黑皮蔗（也就是我们常见的那种甘蔗）。相对而言，竹蔗味甘而性凉，有清热之效，黑皮蔗性质较温和滋补，喉痛热盛者不宜。这里我用的是黑皮甘蔗，那么这个汤就是温润解燥的。如果换用竹蔗来煲这个汤，那么功效就是清热润燥的。

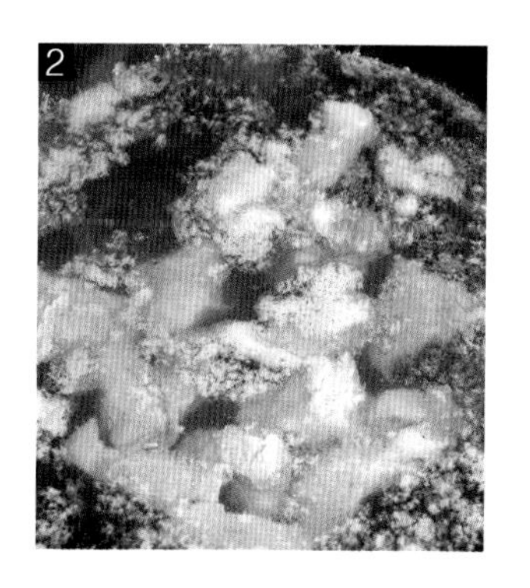

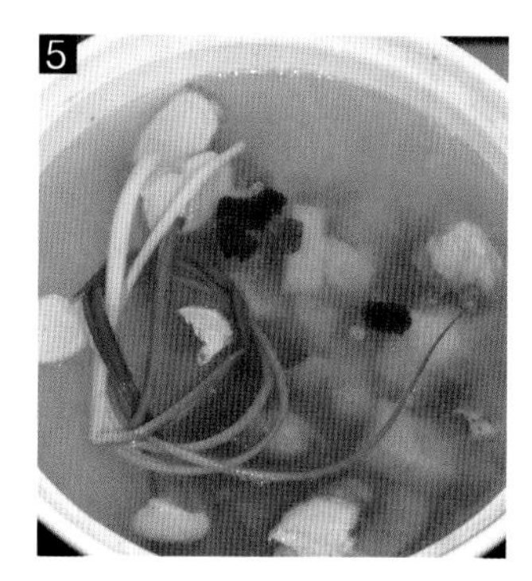

番茄玉米猪肝汤

番茄是种非常有亲和力的蔬菜，既可以单独成菜甚至当水果吃，又可以和其他食材搭配，滋味酸美纯正，让人回味无穷。用番茄和玉米搭配，再加上嫩嫩的猪肝，番茄的微酸加上甜玉米的清甜，是一碗开胃解腻的汤，一碗营养全面的汤。

解腻降脂明目汤

甜玉米1根、番茄2个（中等个）、猪肝一小块、姜丝少许

料酒、盐、淀粉、鸡精

1. 准备材料。
2. 所有食材洗净。猪肝上如有筋膜要剪掉，切成薄片，放在流水下冲洗至无血水，在大碗里放大半碗清水，放入猪肝浸泡20分钟左右。
3. 玉米切成小段，沙锅中放半锅清水，放入玉米段和姜丝，大火煮开后，转小火煲10分钟。
4. 锅中玉米煲10分钟后，放入切块的番茄一起煲。
5. 把浸泡好的猪肝用流动的水冲洗一遍，沥干，放料酒、少许盐和淀粉抓匀腌制备用。
6. 番茄入锅10分钟左右，开盖加盐和鸡精调好味，关火。把腌制好的猪肝用筷子一片片夹起浸入汤中，即可上桌。

1. 猪肝腌制前用清水浸泡可以泡出猪肝中的血水和可能存有的毒素。
2. 番茄在煲汤的中途放入，既能避免番茄因放得太早、煮得太久散掉，导致汤混浊；又能避免番茄在锅中时间太短，导致汤中没有番茄味道。
3. 猪肝很容易熟，所以这个汤要关火后再把猪肝用筷子一片片夹起浸入汤中，汤的余温足够把猪肝烫熟，这样才能保持猪肝的嫩度，不必担心猪肝会不熟。

1

2

3

4

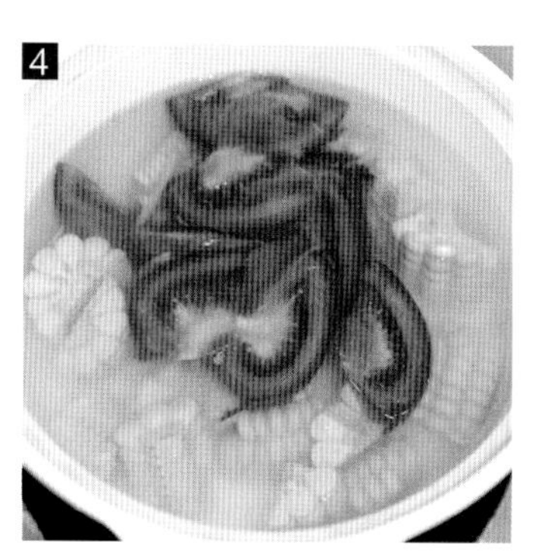

5

6

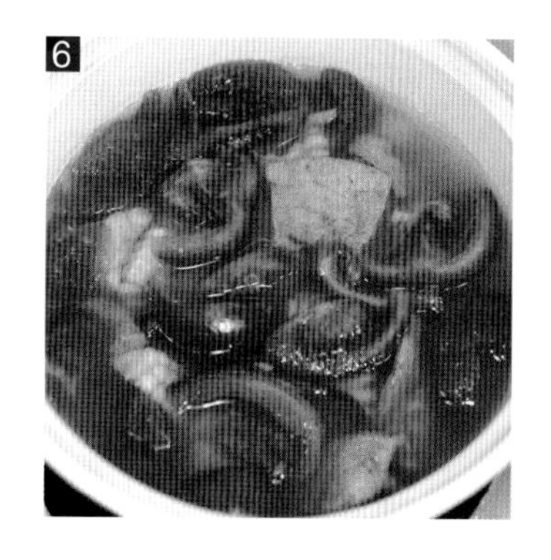

杂骨菌菇汤

小火慢炖出的一锅浓浓骨汤，加入了各种菌菇，让骨汤显得更加鲜美。细细地品尝一口，似乎在这鲜美的味道之后，还有一股鲜菇所带出的山林间的清新味道。

鲜上加鲜

材料 猪杂骨、各类菌菇、西洋参五六片、枸杞子五六颗、姜、葱

调料 料酒、盐

做法
1. 猪杂骨洗净，锅中水烧开，把杂骨放入煮三分钟后，捞出洗净沥干。
2. 焯过水的杂骨放入锅中，倒入足量水，放姜、葱、料酒、几片西洋参，煮开后转小火煲半个小时。
3. 开盖，放入盐水浸洗过的菌菇，继续煲20分钟后，开盖放入枸杞子，加盐调味，继续煮10分钟，出锅前撒点白胡椒粉即可。

小细节，大提升

❶ 骨头煲汤一定要事先焯水，因为骨头里面血水比较多，焯好的骨头要用水冲洗干净再煲汤，这样煲出来的汤才能干净无异味。

❷ 如果用杂骨，煲出来的汤会比较清爽，我一般会配上菌菇类。如果是猪筒骨，煲出来的汤就比较油了，我会配上萝卜之类的，可以吸走一部分的油分，汤不会太油腻，萝卜吸收了汤里的油分口感也非常好。

❸ 煲汤的菌菇，可以自由搭配，但是不建议选草菇、香菇这些会影响汤色的菌菇(用草菇、香菇煲汤会使汤的颜色变深)。

❹ 菌菇买回后，记得先用清水洗净，再放入盐水中浸泡之后再开始做菜哦！

❺ 上班族下班后时间比较紧张，没空煲汤，可以用电炖锅或者电饭锅的预约功能来煲汤。每天上班前把所有材料准备好，放入电炖锅，加足量水，预约好时间，插上电源。下班回来一锅暖暖的汤就已经好了，只要煮个饭，再简单地炒个菜就可以吃晚饭了，非常方便。

1

2

3

番茄牛肉丸汤

红艳欲滴的番茄不仅外表漂亮，还为我们带来健康和快乐。它富含珍贵的茄红素，有抗氧化和抗衰老的作用，能让我们长葆青春活力和健康体态。牛肉补气、补神，可以让人精力充沛。这两种食材组合在一起，就是一碗能量汤，香味浓郁，口感微微酸甜，让你喝了神清气爽，精神百倍！

补气开胃

材料 牛肉末、番茄、藕、芹菜

调料 料酒、盐、黑胡椒粉、老抽、淀粉、鸡精、葱、姜

做法

1. 牛肉末里加料酒、盐、淀粉、黑胡椒粉、鸡精、少许老抽，慢慢往肉馅中加水，并朝一个方向搅动并用手抓起牛肉往盆中摔打。摔搅至肉馅有弹性，再加水，再摔搅。如此大概3~4次，肉馅黏稠又有弹性就好了。每次加水都要少，要分几次加。藕去皮切成碎末，芹菜取芹菜杆切小粒，姜切碎末一起拌入打上劲的牛肉末中。
2. 锅中放清水，放两片姜，烧开。
3. 水开转小火，用勺子挖一个牛肉丸量的牛肉馅，往手心摔打，摔一下用勺子刮起，再摔入手心，直至形成丸子形状。
4. 用勺子刮取丸子放入水中，牛肉丸会受热成型。
5. 做好全部丸子放入锅中，煮开后撇去浮沫，继续煮五分钟。
6. 番茄洗净切成块状。
7. 放入锅中，继续煮两分钟。
8. 放盐和鸡精调味，撒葱花即可上桌。

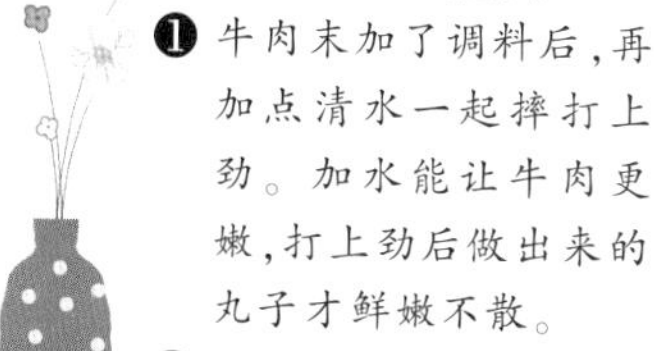

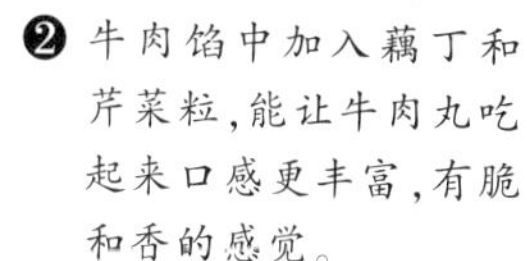

小细节，大提升

❶ 牛肉末加了调料后，再加点清水一起摔打上劲。加水能让牛肉更嫩，打上劲后做出来的丸子才鲜嫩不散。

❷ 牛肉馅中加入藕丁和芹菜粒，能让牛肉丸吃起来口感更丰富，有脆和香的感觉。

❸ 如果想要汤中的番茄保持好的形状，那番茄就不能煮太久。如果喜欢汤中有浓郁的番茄味，那么可以延长番茄入锅后煮的时间。

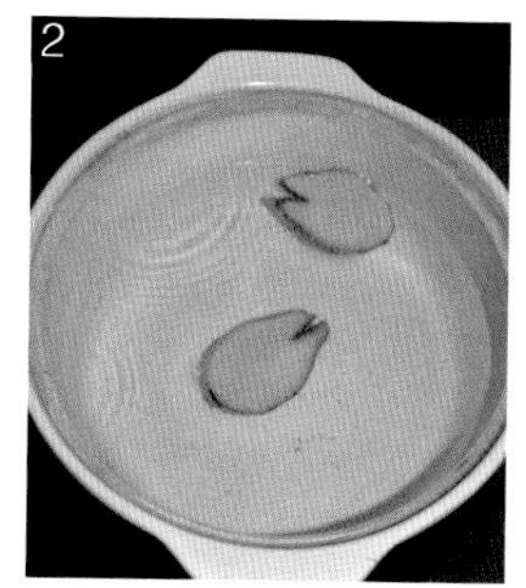

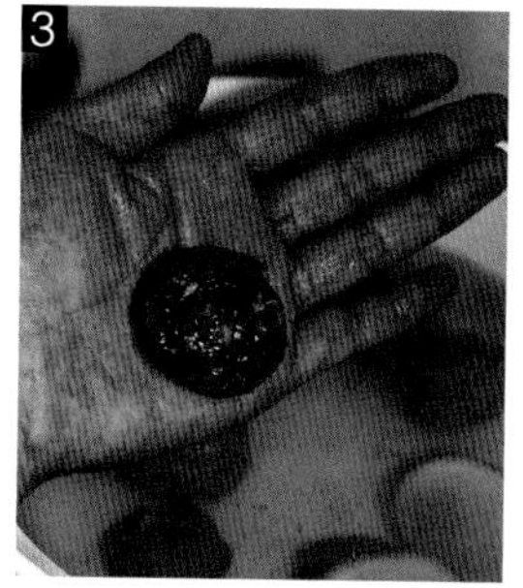

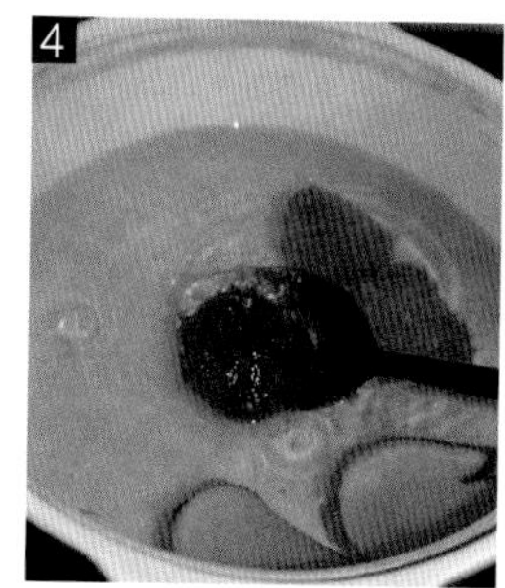

如何调出鲜嫩的肉馅

想要调出的肉馅鲜嫩，在拌生肉馅的时候，要加水（或者加皮冻）。这个方法称为“吃水”。而加水的量是关键，水太少肉不黏，达不到嫩的效果。水放得太多肉馅会澥，具体根据肉的肥瘦来定。以猪肉来说，夹心肉需要放的水比较多，大约每500克要放200克的水，而五花肉因为肥肉的比例高，所以一般500克肉放100克水就可以了。

加水的先后顺序也很重要，水必须是在所有调味料都加好后再加入，否则，调味料的味道不能进入肉馅，搅拌时会感觉水分吸不进肉馅中，做好的肉馅会不入味。

调肉馅时如何加水

在调制肉馅时，先加入所有调味拌匀，然后慢慢往肉馅中加少量水，朝一个方向搅动并抓起肉馅往盆中摔打，至肉馅发黏有弹性，再加少量水，再搅摔。馅的瘦肉多的话，可多放水，肥肉多则应少放水。如此大概3～4次，肉馅黏稠又有弹性就好了。记住每次加水量不可过多，要分几次加。当然如果家里有肉汤或者皮冻代替水，效果就更好了。

最杭州的一碗汤

莼菜汤

“上有天堂，下有苏杭”，生活在美丽的杭州，怎可能错过莼菜这个鲜美的食材。炎热的夏天，最适合用莼菜和火腿一起煲制一碗滑嫩鲜香、营养丰富的汤了。一碗喝下去，周身顿感清凉爽快，似乎头顶的太阳也没那么灼热了。

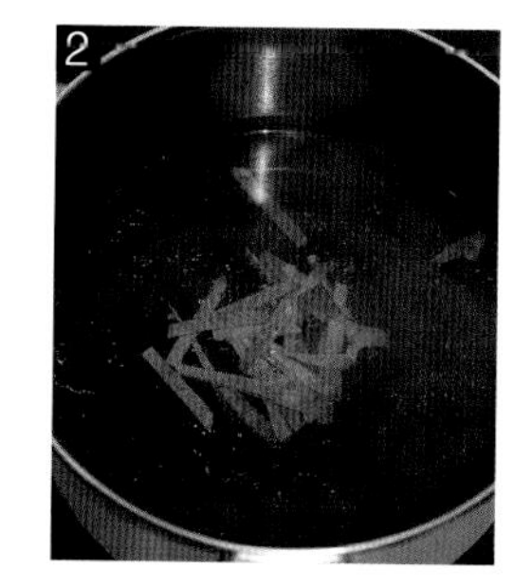

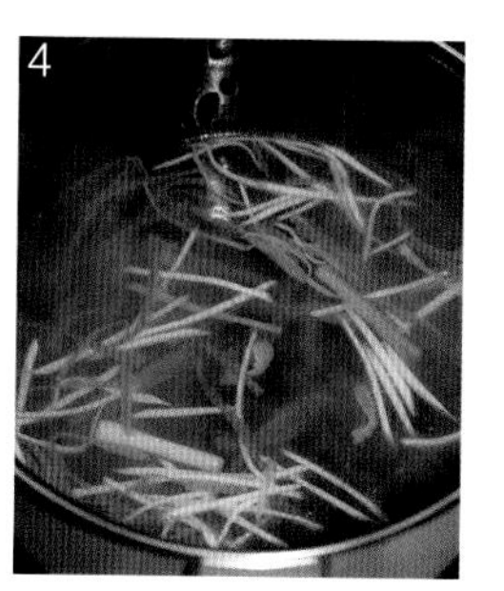

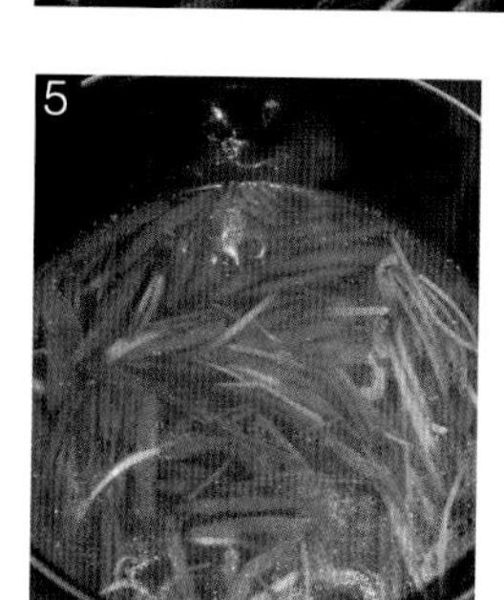

材料 莼菜、火腿、茭白、胡萝卜、姜、葱

调料 盐、鸡精

做法

1. 茭白剥壳，胡萝卜去皮。火腿、茭白、胡萝卜、姜、葱统统切成丝。莼菜用清水冲洗下沥干。
2. 锅中放水烧开，放火腿丝小火煮5分钟。
3. 另取一锅爆香姜、葱丝后，放胡萝卜丝和茭白丝稍微煸炒下。
4. 火腿丝小火煮5分钟后，把步骤3煸炒好的葱、姜丝和茭白、胡萝卜丝倒入汤中同煮2分钟。
5. 汤中加盐、鸡精调味，倒入莼菜，煮开立刻关火起锅。

小细节，大提升

❶ 烹饪前需要事先将买来的袋装莼菜用清水反复清洗。莼菜很滑，清洗的时候可以把莼菜倒入能沥水的洗菜篮中，用清水反复冲洗。

❷ 步骤3中煸炒蔬菜丝时，油不要放多哦，少少的油就可以了，否则汤就不清爽了。

❸ 莼菜不经煮，所以最后一步放入莼菜后，汤再次滚起即要关火起锅。

山药黄豆肉骨汤

骨头汤，大家在家经常会炖来喝吧，补钙又鲜美。炖黄豆，炖山药，炖海带……不管和什么食材搭配在一起炖汤，都是那么那么的好喝。这次的肉骨汤，我搭配了黄豆和山药，动植物蛋白合理搭配，促进人体对营养的吸收，山药能促进消化，真可谓是个黄金搭配啊！

动植物蛋白合理搭配

材料 猪龙骨1块、黄豆1把、山药一小根、葱、姜

调料 料酒、盐

做法

1. 猪龙骨剁成小块，用流动的水冲洗干净。山药刷洗干净。
2. 黄豆洗净，用水泡涨。
3. 猪龙骨放入烧开的水中煮3分钟后捞出洗净沥干。
4. 锅中放入焯过水的龙骨，倒入足量冷水，大火煮开后撇去浮沫。
5. 放1汤匙料酒，放入葱段和姜片。
6. 倒入泡涨的黄豆一起煮。煮开后加入1汤匙醋。
7. 大火煮开，维持大火煮10分钟，转小火煲一个半小时。
8. 开盖放入洗净去皮切成块的山药，再煮半个小时左右，起锅前10分钟放盐调味即可。

小细节，大提升

❶ 炖骨汤的时候不要过早放盐，因为盐会加快肉中水分的析出，会加快蛋白质的凝固，影响汤的鲜美。所以应该在起锅前10分钟放盐，既避免了因为放得过早影响汤的鲜美，又不至于因为放得太晚，而使汤内食材寡淡无味。

❷ 山药切好后要马上入锅，否则会氧化变色。如切好不马上烹饪，应泡在水中，可以防止山药因接触空气而氧化变色。

熬骨头汤的诀窍

骨头汤营养丰富，味道鲜美，主要是由于骨头中的蛋白质(其中含有多种氨基酸)和脂肪溶解到汤内的缘故。掌握下面几点就能熬出味道鲜美、营养好的骨头汤。

- 应将骨头放在冷水锅中，逐渐升温煮沸，然后，改用文火煨炖，这样可以使骨组织疏松，骨中的蛋白质、脂肪逐渐解聚而溶出。熬骨头汤用冷水是因为一般的骨头总带有一点肉，如果一开始就往锅里倒热水或开水，熬出的汤味道并不鲜，肉的表面突然受到高温，肉的外层蛋白质就会马上凝固，使里层的蛋白质不能充分地溶解到汤里。
- 在熬制骨头汤的过程中，中途不要往锅中加冷水，否则，汤温骤然下降，会使骨中的蛋白质等迅速凝固而变性，收缩成团而不再解聚，肉骨表面的空隙也会因此而收缩，造成肉骨组织紧密不易焖酥，骨髓内的蛋白质、脂肪无法大量溶出，这样不仅影响汤中的营养含量，而且也影响汤味的鲜香程度。只有一次性加足冷水，并慢慢加温，蛋白质才能充分地溶解到汤里，汤的味道才鲜美。

  而从营养获取角度考量，炖骨汤的时候，在水烧开后，可加适量的醋，因为醋能使骨头里的磷、钙溶解到汤里。同时，不要过早放盐，因为盐会使肉中含有的水分很快跑出来，会加快蛋白质的凝固，影响汤的鲜美。
- 熬骨头汤最忌讳的就是放很多作料，如：花椒、大料等，只需放2片鲜姜、几根葱段即可，否则香料的味道会盖过骨汤本身的鲜味。

润燥开胃汤

猪肚汤

猪肚即猪的胃，中国人有句俗话：吃什么补什么。猪肚煮汤，有补虚、健脾、养胃的作用。很多人不喜欢在家里自己弄猪肚吃，的确，没有完全洗干净的猪肚做出来有股膻味，很难下咽，更别提美味了。其实只要掌握了洗猪肚的方法，就能煲出一锅浓香醇厚的猪肚汤。白果酸菜猪肚汤，暖胃又好喝，秋季天气干燥，汤里的酸菜咸酸可口，还能生津开胃呢！

材料 猪肚半只、酸菜150克、白果20颗左右

调料 盐、鸡精、料酒、糖、白胡椒粉

做法

1. 猪肚从里面翻出，去掉表面脂肪，两面都用面粉和盐反复搓去黏液，洗至没有异味后洗净待用。
2. 锅里放水煮开，投入姜片和料酒，把猪肚放入后煮几分钟捞出洗净。
3. 用刀刮去猪肚内壁多余脂肪，切成片。酸菜洗净，切块，白果剥壳去衣。
4. 锅里放冷水，放入切好的猪肚、酸菜和白果，加几片姜片，少许料酒，开大火煮开，撇去浮沫，转小火。
5. 小火慢煲2个小时左右。出锅前放盐、鸡精、一点点白糖，撒点白胡椒粉即可。

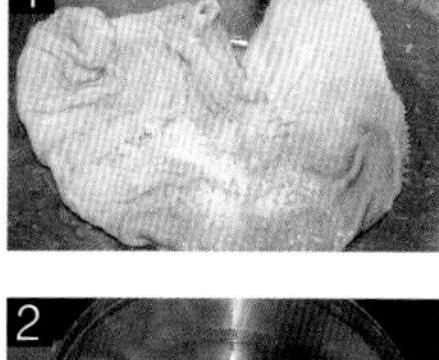

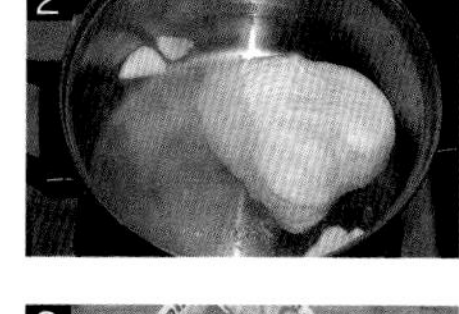

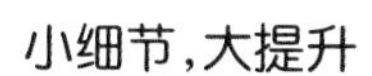

小细节，大提升

❶ 猪肚一定要用盐和面粉多次搓洗至表面无黏液、无异味，猪肚里的脂肪要清除干净，这样煮出来的汤才会鲜。如果不洗干净的话，汤会有股怪味哦！除了用盐和面粉外，还可用盐和陈醋来洗猪肚。

❷ 酸菜是咸的，所以最后放盐的时候要注意用量。加一点糖是为了调节酸菜太直白的咸味，不喜欢也可以不加。

娃娃菜汤

夏日清补汤煲

不油不腻，特别适合夏天这个季节喝。上班族可以在早上出门前，把所有材料扔进电炖锅，设定在自动挡，等下班回家就能喝到美味的汤了。没有电炖锅的，扔进可以预约时间的电饭煲吧，一样的好喝……

材料 花菇10朵，娃娃菜一颗，火腿一小块

调料 盐

做法

1. 准备材料。
2. 花菇去蒂，用温水泡发。
3. 娃娃菜剥去表皮老叶，整颗洗净，削去根部，对剖后再对剖，火腿切片。
4. 把所有材料放入电炖锅，倒入泡花菇的水，再加清水至与材料齐平。快炖3小时后，加盐调味即可。

小细节，大提升

家里没有电炖锅的话，用电饭煲或者沙锅来做也可以。但是注意一定要用小火慢煲，这样才能煲出汤的精华。

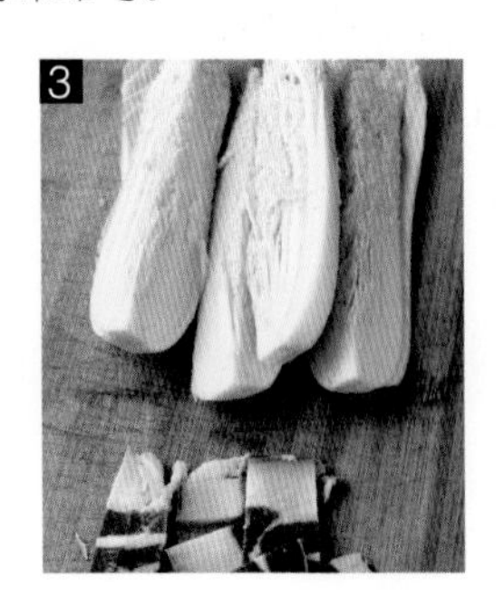

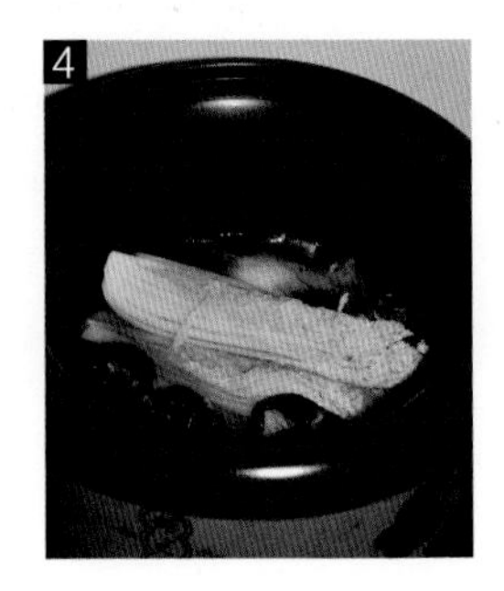

娃娃菜虾干汤

娃娃菜和虾干无疑是绝配，无论是做汤或者做蒸菜，两者的味道都能非常完美地结合在一起。所以夏天自己做了虾干后，第一个想到的就是要用虾干来做这个便捷简单又鲜味出众的汤。

材料 虾干5个、娃娃菜半颗、姜丝

调料 盐、料酒

做法

1. 锅中放一大碗水烧开后，放入虾干、姜丝，再倒一点料酒，煮开后转小火10分钟左右（把虾干的鲜味煮出）。
2. 娃娃菜掰开洗净甩干水分，竖向切成条。
3. 锅里虾干煮10分钟后放入娃娃菜，再盖上盖子焖一两分钟，最后调入少量盐、鸡精出锅。

1

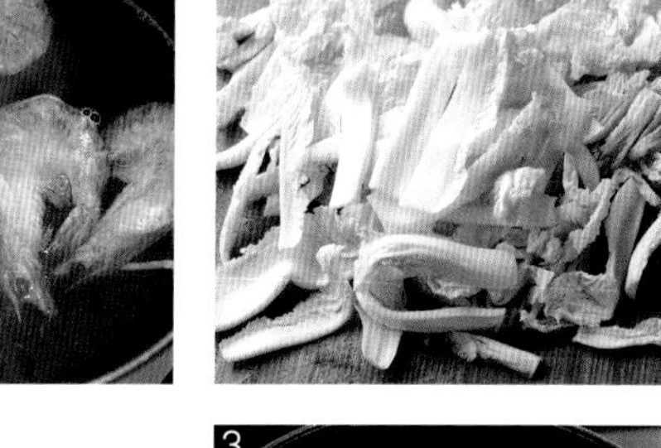

2

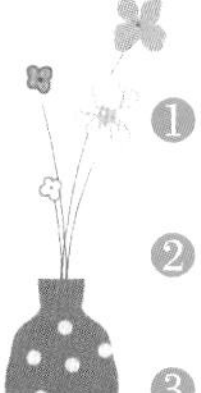

小细节，大提升

1. 想要汤色清的话，一定要用小火煮。
2. 盐的用量要根据虾干的咸度来调节。
3. 这里用的虾干是我自己用微波炉做的，做法见本书的第51页。

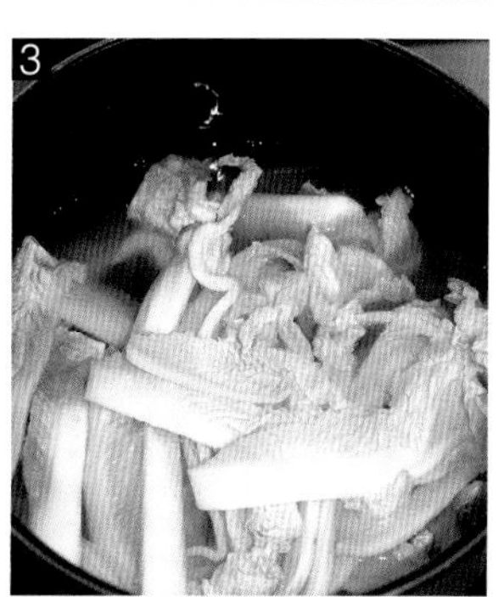

3

跟着晶晶爱上厨房

微博ID：@ 失落精灵 YY

新手来了哦！做菜和拍摄都是入门级的，婚前没进过厨房。后来认识了晶晶，起初只是潜水看看，后来有了《简单·菜》。婚后开始学着烧菜，一天天地见证了自己在厨艺上的成长。没有华丽的背景，没有精致的餐具，做的那个人用心，吃的那个人就会感觉到，味蕾能感受到。

微博ID：@minmin 幸福小屋

我上微博还不久，很荣幸第一个认识的美食达人就是月亮晶晶。对于上班的我来说，回家做饭必须简单、快速，《简单·菜》帮了大忙，得到家人和朋友的赞扬和鼓励后我对做菜的兴趣也越来越浓厚！

微博ID：@Joe 苏小乔

姐姐的《简单·菜》，买了两本，一本自留，一本送给老爸。书中没有大道理，只有小窍门，没有艰深晦涩的素材，只有居家日常的美味。谢谢姐姐，把质朴的食物以最美的方式呈现给我们，简单的是方式，华丽的是内在。

微博ID：@ 豆豆妈妈 myq

通过 19 楼认识的月亮晶晶。晶晶的《简单·菜》用简单的做法赋予食材不一样的味道。让我们知道美味其实很简单，只要用心就能做到。

微博ID:@ 俞小悦的小屋

很早在19楼知道了你,然后就是博客、微博关注你。生活中的晶晶更是和蔼可亲、脾气好。小悦和妈妈都是月亮晶晶的粉丝哦!后来@达人宝宝雪儿 送给我《简单·菜》,发现晶晶写得很是详细但是又都很容易让新手操作,受益匪浅啊!

微博ID:@ 达人宝宝雪儿

雪儿拿着《简单·菜》指着糖不甩对我说:"服务员,给我来份汤圆!""抱歉小妞,今天来不及做了,要不给你来个改良版的?"于是用了现成的年糕、红糖、桂花做出了这款年糕版的"糖不甩"。雪儿吃得不亦乐乎!不知道月亮晶晶会打几分呢?

微博ID:@ 杭州肉嘟嘟

从19楼到新浪博客,一直都在关注着晶晶。我超爱买美食书,家中有许多本,但最喜欢最常翻阅的还是晶晶的《简单·菜》,一来是简单易学而且美味不打折,非常符合我这种懒人吃货的要求;二来有许多杭帮家,常会勾起我小时候的回忆。

微博ID:@ 火山糖糖

我在19楼知道了你,慢慢地开始关注你,关注你的博客、微博。我是来自山城的孩子,很小的时候就喜欢美食,七年前来杭州之后我接触到了更多不一样的美食。《简单·菜》我没买过但在书店看过,虽说简单,但却融入了很多不一样的想法,我也受益匪浅。请你看看我这个学生学得怎样!

跟着晶晶

爱上厨房

微博ID:@ 喵小小 Amanda

晚上回来比较晚,想简单点做个炒饭,但传统炒饭都吃腻了,于是翻出晶晶的《简单·菜》,做了薯香彩椒鸡腿焖饭,味道一级棒,浓郁的西式味道里掺着一些中式的口感,连平时不爱吃青椒的喵居然也干光一大盘。

微博ID:@ 抹茶牧缌

在网上学过很多排骨的做法,味道都不是我喜爱的,过年老家有做"轩鱼"的习俗,妈妈会做成酸甜口味的,我特别中意。关注月亮晶晶,就是因为这道高升排骨。刚毕业在北京那会特想家、想妈妈,自我缓解的办法就是给自己做顿排骨,可能吃得多了,如今还改良出了有自己特色的蜜汁小排。

微博 ID:@ 深白色 311

因为《简单·菜》,我开始从只会煮面条的 80后小女生变成会煮甜品的家庭小主妇。对于晶晶,有太多的感恩和欣赏,是你让我能在厨房找到乐趣,是你的菜谱让我对烧菜做饭产生兴趣。希望有那么一天,我做的甜品能让你赞不绝口!

微博ID:@ 麦兜响叮当 y

吃货的首选就是吃,喜欢晶晶姐的《简单·菜》,喜欢做个小主妇做各样的美食给家人吃。那是一种享受,也是一种幸福。蘑菇小饼干源于晶晶的曲奇,因为我的裱花袋总是挤不好曲奇的形状,干脆给整成了小朋友喜欢的小样,哈哈,今天你做了吗?

微博ID:@ 昀晟

现在的季节虾蟹闹饭桌,吃了一段也有些腻了,正想换种水产吃,昨晚看到月亮晶晶发的微博,马上找出她的书翻看,选定番茄鱼。今天去挑了条鲈鱼,自己取鱼片,按书做。因为是家里吃就没挑去鱼骨,2斤重的鱼我们两人吃得汤都没剩。

微博ID:@ 爱做蛋糕爱烹饪的 cici

很喜欢月亮晶晶的《简单·菜》,书中的菜品都是易学实用,老少兼宜的家常菜。其中的高升排骨是最令我难忘的菜之一,原料简单:1勺料酒、2勺醋、3勺糖、4勺生抽、5勺水,味道却毫不简单,酸甜酥糯,回味无穷。菜名还有"步步高升"的含义,美味之余又很讨口彩。衷心祝晶晶的书越做越好。

微博ID：@ 小怪兽蒙奇奇

都市的生活紧张而又忙碌。于是，我们需要自己在这份忙碌背后抹上一笔绚丽的色彩来放松心情，把白天的烦恼拒于门外。煮上一碗有机蔬菜面，简单又有营养，何乐而不为呢？由《简单·菜》中剪刀面延伸而来的有机蔬菜面，喜欢么？

微博ID：@hello 崽崽妈妈

简单美味的高升排骨烹饪方法来自月亮晶晶的《简单·菜》。我非常喜欢这本书，里面的每道菜做法不复杂，但是样样都美味，上得了台面。我的目标就是把晶晶这本书里的所以菜都学做一遍。

微博ID：@ 秋秋树

刚跨入厨房的小厨娘的首作——简单美味的茄汁花菜。月亮晶晶做的菜适合我这样的初学者，简单又精彩。

微博ID：@ 八卦兔JadeCw

《简单·菜》，摆案头，时时翻翻，常在手。成功高，易上手，日日烧菜不用愁，今天想想做啥哟，泡菜饼变成泡菜球。

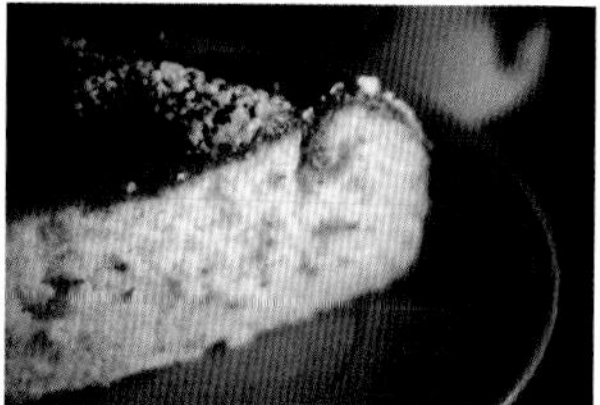

微博ID：@ 澳洲–薇博

晶晶的《简单·菜》使我的生活变得简单而有滋有味。这款五彩面包，既有蔬菜也有主食，浓郁的黄油把面包烤得脆脆的，蔬菜的汤汁又使面包吃起来不那么干涩。

微博ID：@ 微笑的鱼 err

因为他爱吃虾，所以为他变着法子做虾；因为他不爱吃虾，所以还是为他变着法子做虾。晶晶的避风塘海虾，让他初尝，便觉欢喜；做虾之人，顿时欢颜。因为爱家人，所以爱厨房。感谢晶晶，高升排骨、摇滚沙拉、奶油南瓜汤……让爱变得简单、轻松。

图书在版编目(CIP)数据

爱上简单菜 / 月亮晶晶著. —杭州：浙江科学技术出版社，2016.12

ISBN 978-7-5341-5424-9

Ⅰ.①爱… Ⅱ.①月… Ⅲ.①家常菜肴—菜谱 Ⅳ.①TS972.12

中国版本图书馆 CIP 数据核字（2013）第 076214 号

书　　名　爱上简单菜
著　　者　月亮晶晶

出版发行　浙江科学技术出版社
网　　址　www.zkpress.com
杭州市体育场路 347 号　　邮政编码：310006
办公室电话：0571-85062601　销售部电话：0571-85058048
排　　版　杭州兴邦电子印务有限公司
印　　刷　杭州富春印务有限公司

开　　本　787 × 1092　1/16　　印　张　10
字　　数　150 000
版　　次　2013 年 5 月第 1 版　　2016 年 12 月第 5 次印刷
书　　号　ISBN 978-7-5341-5424-9　　定　价　35.00 元

责任编辑　王巧玲　　**责任美编**　金　晖
责任校对　刘　丹　　**责任印务**　徐忠雷